耕地地力评价与利用

张藕珠　主编

中国农业出版社

内容简介

本书是对山西省古县耕地地力调查与评价成果的集中反映。是在充分应用“3S”技术进行耕地地力调查并应用模糊数学方法进行成果评价的基础上，首次对古县耕地资源历史、现状及问题进行了分析、探讨，并应用大量调查分析数据对古县耕地地力、中低产田地力、耕地环境质量和测土配方施肥等做了深入细致的分析。揭示了古县耕地资源的本质及目前存在的问题，提出了耕地资源合理改良利用意见，为各级农业科技工作者、各级农业决策者制订农业发展规划，调整农业产业结构，加快绿色、无公害农产品基地建设步伐，保证粮食生产安全，科学施肥，退耕还林还草，进行节水农业、生态农业以及农业现代化、信息化建设提供了科学依据。

本书共六章。第一章：自然与农业生产概况；第二章：耕地地力调查与质量评价的内容和方法；第三章：耕地土壤属性；第四章：耕地地力评价；第五章：中低产田类型、分布及改良利用；第六章：耕地地力调查与质量评价的应用研究。

本书适宜农业、土肥科技工作者及从事农业技术推广与农业生产管理的人员阅读。

编写人员名单

主　　编： 张藕珠

副 主 编： 樊海云　刘春红　王　斌

编写人员（按姓名笔画排序）：

王　斌　王沁临　申腊梅　史党生
兰晓庆　刘　蓉　刘春红　安云庆
孙艳艳　李　钰　李红莲　李连科
李建中　张　磊　张立军　张藕珠
武红平　赵　霞　席延泽　韩　瑛
鲁玉红　樊海云

序

农业是国民经济的基础，农业发展是事关国计民生的大事。为适应我国农业发展的需要，确保粮食安全和增强我国农产品竞争的能力，促进农业结构战略性调整和优质、高产、高效、生态农业的发展，针对当前我国耕地土壤存在的突出问题，2009年在农业部精心组织和部署下，古县成为实施测土配方施肥补贴项目县。根据《全国测土配方施肥技术规范》积极开展测土配方施肥工作，同时认真实施耕地地力调查与评价。在山西省土壤肥料工作站、山西农业大学资源环境学院、临汾市土壤肥料工作站、古县农业局广大科技人员的共同努力下，2012年完成了古县耕地地力调查与评价工作。通过耕地地力调查与评价工作的开展，摸清了古县耕地地力状况，查清了影响当地农业生产持续发展的主要制约因素，建立了古县耕地地力评价体系，提出了古县耕地资源合理配置及耕地适宜种植、科学施肥及土壤退化修复的意见和方法，初步构建了古县耕地资源信息管理系统。这些成果为全面提高古县农业生产水平，实现耕地质量计算机动态监控管理，适时提供辖区内各个耕地基础管理单元土、水、肥、气、热状况及调节措施，提供了数据平台和管理依据。同时，也为各级农业决策者制订农业发展规划，调整农业产业结构，加快绿色食品基地建设步伐，保证粮食生产安全以及促进农业现代化建设提供了第一手资料和最直接的科学依据，也为今后大面积开展耕地地力调查与评价工作，实施耕地综合生产能力建设，发展旱作节水农业、测土配方施肥及其他农业新技术普及工作提供了技术支撑。

《古县耕地地力评价与利用》一书，系统地介绍了耕地资源评价的方法与内容，应用大量的调查分析资料，分析研究了古县耕地资源的利用现状及问题，提出了合理利用的对策和建议。该书集理论指导性和实际应用性为一体，是一本值得推荐的实用技术类读物。我相信，该书的出版将对古县耕地的培肥和保养、耕地资源的合理配置、农业结构调整及提高农业综合生产能力起到积极的促进作用。

王高勇

2013年12月

前言

耕地是人类获取粮食及其他农产品最重要、不可替代、不可再生的资源，是人类赖以生存和发展的最基本的物质基础，是农业发展必不可少的根本保障。新中国成立以来，山西省古县先后开展了两次土壤普查。两次土壤普查工作的开展，为古县国土资源的综合利用、施肥制度改革、粮食生产安全做出了重大贡献。近年来，随着农村经济体制的改革以及人口、资源、环境与经济发展矛盾的日益突出，农业种植结构、耕作制度、作物品种、产量水平，肥料、农药使用等方面均发生了巨大变化，产生了诸多如耕地数量锐减、土壤退化污染、次生盐渍化、水土流失等问题。针对这些问题，开展耕地地力评价工作是非常及时、必要和有意义的。特别是对耕地资源合理配置、农业结构调整、保证粮食生产安全、实现农业可持续发展有着非常重要的意义。

古县耕地地力评价工作，于 2009 年 6 月底开始到 2012 年 12 月结束，完成了古县 4 镇、3 乡、111 个行政村的 24 万亩耕地的调查与评价任务。3 年共采集土样 3 600 个，并调查访问了 900 个农户的农业生产、土壤生产性能、农田施肥水平等情况。认真填写了采样地块登记表和农户调查表，完成了 3 600 个样品常规化验、中微量元素分析化验、数据分析和收集数据的计算机录入工作。基本查清了古县耕地地力、土壤养分、土壤障碍因素状况，划定了古县农产品种植区域。建立了较为完善的、可操作性强的、科技含量高的古县耕地地力评价体系，并充分应用 GIS、GPS 技术初步构筑了古县耕地资源信息管理系统。提出了古县耕地保护、地力培肥、耕地适宜种植、科学施肥及土壤退化修复办法等。形成了具有生产指导意义的数字化成果图。收集资料之广泛、调查数据之系统、内容之全面是前所未有的。这些成果为全面提高农业工作的管理水平，实现耕地质量计算机动态监控管理，适时提供辖区内各个耕地基础管理单元土、水、肥、气、热状况及调节措施，提供了基础数据平台和管理依据。同时，也为各级农业决策者制订农业发展规划，调整农业产业结构，加快绿色食品基地建设步伐，保证粮食生产安全，进行耕地资源合理改良利用，科学施肥以及退耕还林还草、节水农业、生态农业、农业现代化建设提供了第一手资料和最直接的科学依据。

为了将调查与评价成果尽快应用于农业生产，在全面总结古县耕地地力评价成果的基础上，引用大量成果应用实例和第二次土壤普查、土地详查有关资料，编写了《古县耕地地力评价与利用》一书。首次比较全面系统地阐述了古县耕地资源的类型、分布、地理与质量基础、利用状况、改善措施等。并将近年来农业推广工作中的大量成果资料收录其中，从而增加了本书的可读性和可操作性。

在本书编写的过程中，承蒙山西省土壤肥料工作站、山西农业大学资源环境学院、临汾市土壤肥料工作站、古县农业局广大技术人员的热忱帮助和支持，特别是古县农业局广大工作人员在土样采集、农户调查、数据库建设等方面做了大量的工作。在此一并表示感谢。

编　者

2013年12月

目 录

序
前言

第一章 自然与农业生产概况 …… 1
第一节 自然与农村经济概况 …… 1
一、地理位置与行政区划 …… 1
二、土地资源概况 …… 2
三、自然气候与水文地质 …… 2
四、农村经济概况 …… 7
第二节 农业生产概况 …… 7
一、农业发展历史 …… 7
二、农业发展现状与问题 …… 8
第三节 耕地利用与保养管理 …… 9
一、主要耕作方式及影响 …… 9
二、耕地利用现状，生产管理及效益 …… 10
三、施肥现状与耕地养分演变 …… 10
四、农田环境质量与历史变迁 …… 11
五、耕地利用与保养管理简要回顾 …… 11

第二章 耕地地力调查与质量评价的内容和方法 …… 13
第一节 工作准备 …… 13
一、组织准备 …… 13
二、物资准备 …… 13
三、技术准备 …… 13
四、资料准备 …… 14
第二节 室内预研究 …… 14
一、确定采样点位 …… 14
二、确定采样方法 …… 15
三、确定调查内容 …… 15

四、确定分析项目和方法 …… 16
五、确定技术路线 …… 16
第三节 野外调查及质量控制 …… 17
一、调查方法 …… 17
二、调查内容 …… 18
三、采样数量 …… 19
四、采样控制 …… 19
第四节 样品分析及质量控制 …… 20
一、分析项目及方法 …… 20
二、分析测试质量控制 …… 20
第五节 评价依据、方法及评价标准体系的建立 …… 24
一、评价原则依据 …… 24
二、评价方法及流程 …… 25
三、评价标准体系建立 …… 27
第六节 耕地资源信息管理系统建立 …… 28
一、耕地资源信息管理系统的总体设计 …… 28
二、资料收集与整理 …… 29
三、属性数据库建立 …… 31
四、空间数据库建立 …… 35
五、空间数据库与属性数据库的连接 …… 38

第三章 耕地土壤属性 …… 39
第一节 耕地土壤类型 …… 39
一、土壤类型及分布 …… 39
二、土壤类型特征及主要生产性能 …… 42
第二节 有机质及大量元素 …… 71
一、含量与分级 …… 72
二、有机质及大量元素分级论述 …… 75
第三节 中量元素 …… 77
一、含量与分布 …… 77
二、分级论述 …… 78
第四节 微量元素 …… 79
一、含量与分布 …… 79
二、分级论述 …… 82
第五节 土壤理化性状及其评价 …… 85
一、土壤 pH …… 85
二、土壤容重 …… 86

三、耕层质地 …… 86
四、耕地土壤阳离子交换量 …… 88
五、土体构型 …… 89
六、土壤结构 …… 90
七、土壤孔隙状况 …… 91
八、土壤碱解氮、全磷和全钾状况 …… 92
第六节　耕地土壤属性综述与养分动态变化 …… 93
一、耕地土壤属性综述 …… 93
二、有机质及大量元素的演变 …… 94

第四章　耕地地力评价 …… 95
第一节　耕地地力分级 …… 95
一、面积统计 …… 95
二、地域分布 …… 95
第二节　耕地地力等级分布 …… 96
一、一级地 …… 96
二、二级地 …… 99
三、三级地 …… 104
四、四级地 …… 108
五、五级地 …… 113

第五章　中低产田类型、分布及改良利用 …… 118
第一节　中低产田类型及分布 …… 118
一、坡地梯改型 …… 118
二、干旱灌溉改良型 …… 118
三、瘠薄培肥型 …… 119
第二节　生产性能及存在问题 …… 119
一、坡地梯改型 …… 119
二、干旱灌溉改良型 …… 119
三、瘠薄培肥型 …… 119
第三节　改良利用措施 …… 120
一、坡地梯改型中低产田的改良利用 …… 120
二、干旱灌溉改良型中低产田的改良利用 …… 121
三、瘠薄培肥型中低产田的改良利用 …… 121

第六章　耕地地力调查与质量评价的应用研究 …… 122
第一节　耕地资源合理配置研究 …… 122

一、耕地数量与人口发展现状分析 …… 122
二、耕地地力与粮食生产能力现状分析 …… 122
三、现有耕地资源配置意见 …… 124
第二节　耕地地力建设与土壤改良利用对策 …… 124
一、耕地地力现状及特点 …… 124
二、存在主要问题及原因分析 …… 125
三、耕地培肥与改良利用对策 …… 126
四、成果应用与典型事例 …… 126
第三节　农业结构调整与适宜性种植 …… 127
一、农业结构调整的原则 …… 127
二、农业结构调整的依据 …… 127
三、土壤适宜性及主要限制因素分析 …… 128
四、种植业布局分区建议 …… 128
五、农业远景发展规划 …… 130
第四节　耕地质量管理对策 …… 131
一、建立依法管理体制 …… 131
二、建立和完善耕地质量监测网络 …… 131
三、国家惠农政策与耕地质量管理 …… 132
四、扩大无公害农产品生产规模 …… 132
五、加强农业综合技术培训 …… 133
第五节　耕地资源信息管理系统的应用 …… 134
一、领导决策依据 …… 134
二、动态资料更新 …… 134
三、耕地资源合理配置 …… 135
四、土、肥、水、热资源管理 …… 136
五、科学施肥体系与灌溉制度的建立 …… 137
六、信息发布与咨询 …… 140
第六节　古县耕地质量状况与谷子标准化生产的对策研究 …… 141
一、谷子产业发展优势 …… 141
二、耕地地力现状 …… 142
三、生产管理水平及问题 …… 142
四、基本对策和措施 …… 142
第七节　古县耕地质量状况与核桃标准化生产的对策研究 …… 146
一、核桃产业发展概况 …… 146
二、主要做法及经验 …… 146
三、存在的问题及下一步打算 …… 147

第一章　自然与农业生产概况

第一节　自然与农村经济概况

一、地理位置与行政区划

古县原名岳阳；尧、舜、夏、商时俱属冀州；春秋归晋；战国属赵；汉隶上党，名谷远县。南北朝时，魏建义元年（528年），置县城于安吉、泽泉之间（今古阳村），取两地首字，合名安泽。隋大业初，迁县城于岳阳（现岳阳镇），遂易名岳阳县（原县城易名古阳，即古岳阳之意，沿用至今），隶属平阳郡。元至正二年（1342年），并冀氏、和川入岳阳，至此三县并为一县。明、清俱属平阳府。民国三年（1914年）复名安泽。抗日战争时期，曾分设安泽、岳阳、冀氏三县；抗战胜利后，又并为安泽。1941年，南部郭店、店上、茶坊归浮山县。1971年8月1日，并南部浮山三社、北部安泽七社为一体，新建县制，取名古县，设县城于涧河东岸张家沟、湾里之间，与老岳阳城隔岸相望。

古县是一个历史悠久、闻名遐迩的革命老区。大禹时代这里是禹王治水之地。战国时期这里是赵国名相蔺相如的故乡。目前境内尚犹存可见的古庙、古城、古墓、古树等达20余处。抗日战争时期，这里是中共太岳区党政军机关的所在地。刘少奇、朱德、邓小平、薄一波、陈赓等老一辈无产阶级革命家曾在这里进行过革命活动，英雄的古县儿女曾为革命做出过重大的贡献。

古县位于霍山东南部，地处临汾市东部山区，地理坐标为北纬36°02′～36°34′、东经111°48′～112°11′。东与安泽毗邻，西与洪洞接壤，北连沁源、霍县，南接浮山、尧都。全县南北长约61千米，东西宽约34千米，总面积为1 220平方千米。

古县共辖7个乡（镇）、111个村，2011年末总户数35 336户，全县总人口9.22万人，其中农业人口6.96万人，占总人口的75.5%。详细情况见表1-1。

表1-1　古县行政区划与人口情况

乡（镇）	总户数（户）	总人口（人）	村民委员会（个）	村民小组
北平镇	4 642	12 565	15	47
古阳镇	4 143	10 901	14	78
岳阳镇	15 244	35 633	20	101
石壁乡	2 437	6 119	11	50
南垣乡	3 925	9 755	26	121
永乐乡	1 909	5 758	12	57
旧县镇	3 036	11 470	13	77
总计	35 336	92 201	111	531

二、土地资源概况

据2013年统计资料显示，古县总面积为119 640.09公顷（折合179.46万亩*），其中，耕地23 575.2公顷（35.36万亩），占总面积的19.71%；园地633.2公顷（9 498亩），占总面积的0.53%；林地59 621.06公顷（89.43万亩），占总面积的49.83%；草地36 359.03公顷（54.54万亩），占总面积的22.03%；城镇工矿用地3 736.5公顷（56 047.5亩），占总面积的3.12%；交通运输用地1 166.97公顷（17 504.55亩），占总面积的0.98%；水域水利设施用地683.99公顷（10 259.85亩），占总面积的0.57%；其他用地3 864.14公顷（57 962.1亩），占总面积的3.23%。

古县地处太岳山南麓，沁水盆地边缘，太岳山隆起的东南部，属太岳山经向构造带与新华夏构造体系的复合部位。境内山脉连绵、沟壑纵横、地形复杂，属太岳山系。由灵空山入境向南延伸为太岳山，向东南延伸为乌岭山，“V”字形环抱全县，呈“宝葫芦”状。境内岭、梁、峁、沟谷、河溪连绵重叠，地形复杂。地势西北高、东南低，最高海拔2 346.8米，位于西北部霍山主峰老爷顶；最低海拔590米，位于西南部涧河滩。古县地形地貌大致分为3个类型区。

（1）北部石山地貌区：位于古县北部，平均海拔为1 333米，面积为445.36平方千米，是涧河北支与蔺河的发源地。区内山峰林立，灰岩广布，石厚土薄，沟深坡陡。海拔相对高差变化大，山峦起伏，草木丰茂，植被覆盖较好。

（2）中东部土石山地貌区：平均海拔1 000米，面积581.56平方千米，是黄土丘陵与石质间杂区域。区内河沟纵横、土石交错，地表土层土质松散，经长期冲刷后支离破碎，植被覆盖较差。涧河、旧县河、石必河冲淤而成的河谷川地土壤肥沃，沿河土地开垦比例较大，且气候温和，无霜期长，雨量适中，水源充足，发展种植业条件优越。

（3）南部黄土丘陵沟壑区：平均海拔898米，面积179.47平方千米，区内丘陵起伏，沟壑纵横，土层较厚，植被覆盖较差，土质疏松，水土流失严重。该区土地资源广阔，垣田面积大，光照充足，气候温和，是古县的小麦主产区。

古县土壤分为红黏土、粗骨土、棕壤土、褐土和潮土五大土类，有棕壤、石灰性褐土、淋溶褐土、褐土性土、红黏土、中性粗骨土、钙质粗骨土、潮土8个亚类。在各类土壤中，宜农土壤比重大，适种性广，有利于农、林、牧业全面发展。

三、自然气候与水文地质

（一）气候

古县属暖温带大陆性季风气候。具有四季分明的气候特征，春季干旱多风、气温回升快，夏季高温多雨，秋季凉爽湿润，冬季寒冷干燥。

1. 气温 年均气温11.4℃。1月最冷，平均气温－3.2℃，极端最低气温－20.3℃

* 亩为非法定计量单位，1亩＝1/15公顷。

（2008年12月22日）；7月最热，平均气温25.2℃，极端最高气温39.3℃（2005年6月23日）。一般年景，10月下旬气温开始降至0℃以下，4月上旬气温升至0℃以上。由于北部、东部地区地势较高，同期气温比其他地区偏低2～3℃。

历史上春季有两次低温过程：一次是1991年4月的持续低温，5月2日还出现霜冻，冬小麦由青变黑，造成严重冻害；地膜覆盖蔬菜六成被冻死。第二次是2006年4月11～12日，受较强冷空气活动影响，境内出现沙尘暴和雨夹雪天气，气温急剧下降，早花果树被严重冻伤，造成年内葡萄、桃、杏等果实严重减产，核桃几乎绝收。

2. 地温　地面年平均温度13.9℃，地面极端最低温度－26.1℃（1978年2月13日），极端最高温度69℃（1986年7月27日）。土壤封冻一般在12月中旬，2月下旬开始解冻，封冻天数平均为68天，最大冻土深度50厘米。

3. 积温　受地形影响，境内各地气温稳定通过各界线初终日以及积温的差异很大。主要分布特点为：盆地、谷地大于山地、丘陵，中部地区大于北部和南部地区。见表1-2。

表1-2　古县不同区域积温情况

地区	稳定通过0℃				稳定通过10℃			
	初日（日/月）	终日（日/月）	日数（天）	积温（℃）	初日（日/月）	终日（日/月）	日数（天）	积温（℃）
北部石山区	12/3	12/11	249	3 434	25/4	3/10	.162	2 892
中东部土石山区	5/3	21/11	262	3 842	14/4	11/10	177	3 333
南部丘陵沟壑区	10/3	8/11	254	3 699	27/4	7/10	164	3 057

4. 光照　年均日照总时数2 077.5小时。最多年份是1986年，为2 409.3小时；最少年份是2003年，为1 631.5小时；年日照百分率为47%，高山垣顶多于沟谷盆地。

5. 无霜期　初霜期一般在10月中旬，最早的一次是1994年9月28日；终霜期一般在4月中旬，最晚的一次是1991年5月2日。东北部较西南部少20天左右。见表1-3。

表1-3　全县不同地区无霜期情况

地　区	初日（日/月）	终日（日/月）	无霜期（天）
北部石山区	10/10	29/4	164
中东部土石山区	21/10	22/4	183
南部丘陵沟壑区	16/10	28/4	172

6. 降水　古县降水分布规律：东北多、西南少；森林覆盖地带多、植被较差地区较少；年平均降水量512.4毫米。降水年际变化较大：多雨年曾达887毫米（2003年），少雨年只有322.1毫米（1986年）。年内降水分布不均，58%的降水量集中在7～9月。按季节分配：春季（3～5月）约占18%，夏季（6～8月）约占53%，秋季（9～11月）约占26%，冬季（12月至翌年2月）约占3%。见表1-4。

表 1-4　1977—2010 年间历年降水总量

（单位：毫米）

年份	降水量	年份	降水量	年份	降水量
1977	569.1	1989	743.0	2001	359.1
1978	512.2	1990	604.5	2002	539.8
1979	395.3	1991	407.8	2003	887.0
1980	519.0	1992	380.0	2004	449.8
1981	459.2	1993	615.1	2005	558.1
1982	536.4	1994	511.8	2006	474.4
1983	552.1	1995	595.5	2007	651.4
1984	454.2	1996	543.1	2008	386.5
1985	602.9	1997	332.0	2009	553.8
1986	322.1	1998	630.2	2010	386.6
1987	478.6	1999	406.3	2011	551.7
1988	625.7	2000	431.9	—	—

7. 蒸发量　古县年均蒸发量 1 609.6 毫米，最大蒸发量出现在 1981 年，为 1 920.9 毫米；最小蒸发量出现在 2003 年，为 1 359.7 毫米。一年之中，蒸发量最大的月份是 6 月，平均蒸发量为 298.2 毫米；蒸发量最小月份是 12 月，平均蒸发量为 55.1 毫米。

8. 风向风速　受地形影响，县城一带及偏东部地区全年盛行东北风和西南风，南部地区以西南风为主。年平均风速 1.8 米/秒，冬春季风速偏大，夏秋季风速偏小。年最多风向是东北风，频率 16%，瞬时风速每秒≥17 米的大风日，历史上有记载出现过 69 天，平均每年 2.3 天，最多年份为 6 天。

9. 异常天气过程　有记载连续降水 7 天以上的天气有 11 次，其中最长的一次是 1985 年 9 月 8～25 日，达 18 天。

1977—2006 年，大暴雨出现过 25 次，24 小时降水量≥100 毫米的出现过 2 次。

1989 年 8 月 16 日一次降水达 128.8 毫米。降水强度最大的一次是 2003 年 7 月 13 日，5 分钟降水 21 毫米。1989 年 7 月 22 日，60 分钟降水 60.2 毫米。1993 年 11 月 16 日，先是雷雨天气，接着突降大到暴雪，至 18 日，降雪量达 32.2 毫米，气温骤降，菜农受损严重。

2002 年 7 月 23 日 15 时 16 分至 16 时整，连续降水 40 毫米，造成石壁、旧县河流“人字闸”被毁，直接经济损失 20 万元。2002 年 8 月 24 日至 26 日连续暴雨，降水量达 200.2 毫米；最为集中的 24 小时里，连续降水 115.7 毫米，造成道路多处中断，桥梁损毁，农田被淹，双孢菇大棚大面积倒塌。2003 年 4 月 17 日 12 时 50 分，持续降水 45 分钟，山洪暴发，古阳江水平煤矿矿井进水，14 名矿工遇难。

1977 年有气象资料以来，冰雹出现过 30 次，其中强度最大的有两次。第一次出现在 1985 年 6 月 15 日 17 时 23 分至 43 分，历时 20 分钟，最大冰雹直径 15 厘米；第二次出现在 1987 年 8 月 23 日 17 时 11 分至 21 分，历时 10 分钟，最大冰雹直径 25 厘米。

（二）成土母质

母质是形成土壤的物质基础。土壤的质地、矿物组成及化学组成等均与母质有很大的关系。古县的成土母质可归纳为3个类型。

1. 残积、坡积物　主要分布于中山、低中山区。残积母质是指岩石风化后，基本上未经搬运而残留在原地的物质；坡积母质是指岩石风化后，经外力作用，在山坡下堆积的物质。按照其组成成分的不同，又可区分为花岗片麻岩质、砂页岩质和石灰岩质不同类型。

太古界地层出露的是花岗片麻岩，这类岩石以石英、长石为主，其次是云母、角闪石等，风化物以粗沙砾为多。

砂页岩的类型很多，包括古生界石炭系、二叠系和中生界三叠系的砂页岩。二叠、三叠系的砂页岩多形成粗骨性褐土，多沙砾、土层薄、植被稀疏。石炭系的铝土页岩，则形成重壤质的白干子土，土层薄、质地黏重。

分布在北平镇、古阳镇一带的，是古生代寒武纪和奥陶纪生成的石灰岩、白云质灰岩等，易风化，形成的土壤土质细腻黏重。

2. 黄土、红黄土及红土　黄土指马兰黄土，分布于残垣、梁、峁，其特点是质地均一、土质轻壤，垂直节理发育，层理不明显，颜色为灰棕或浅黄。富含碳酸钙，一般含量在15%左右，土壤呈微碱性，石灰反应强烈，疏松多孔，通透性良好。

红黄土指离石黄土，颜色为红黄色，土层深厚，土质较紧实致密，有棕红色条带，有时下部尚有砂姜层出现。广泛分布在侵蚀严重的梁、峁地上。

红土指保德红土，多分布在下冶村、热留村、永乐村一带的梁状丘陵地上，特点是颜色暗红，无石灰反应，质地黏重，物理性黏粒为40%～55%，结构表面有黑色铁锰胶膜。

3. 洪积、冲积物　冲积物分布在河谷两侧，洪积物分布在沟谷地及北平镇一带的山间盆地上，系经流水作用再搬运沉积而成。二级阶地为早期黄土冲积物、一级阶地为近代河流冲积物，冲积层理明显，质地均匀度差，沙黏相间，土壤肥力较高。洪积物母质土体多含有大小不等的砾石或砾石层。

（三）河流与地下水

1. 地表水　县境内河流有洪安涧河、蔺河、蔡子河、刘垣河，除蔺河外，均流向西南汇入汾河，属黄河流域汾河水系。蔺河向东南流入沁河再注入黄河。四条河流，年均径流量为11 920万立方米，其中清水总量为7 940万立方米、洪水总流量为3 980万立方米。径流量月际变化和年际变化，取决于降水状况的分布。

①洪安涧河。洪安涧河古名涧河，据《水经注》记载："涧水东出谷远山西山，西南经霍山南，又西经杨县古城（今范村）北…流入于汾水"。又据《大清一统志·平阳府》记载："涧水在洪洞南，有二源，一出岳阳县安吉岭，一出岳阳县金堆里，合二流，西至洪洞县南入于汾"。

洪安涧河是县域最大的水系。因发源于古县（原名安泽），流经洪洞，故名洪安涧河。流域面积占到全县总面积的90%以上。该河包括北、南二支，北支源于党家山、宽平沟，从北向南逐次汇集安吉沟河、凌云河、金堆河、松木沟河、多沟河、韩母沟河、哲才沟河、龙王沟河、水峪河、来头湾河、拦马沟河至洪洞县铁沟进入洪洞境内，流程63千米；

南支称旧县河，旧县河又分南、北两支，南支从范寨村依次汇集茨林河、草峪河、尧峪河、淤泥河、钱家峪河、韩村河；北支由高城河、上治河汇成石壁河，在五马岭村，南北两支河流汇合，统称旧县河，至五马与涧河北支汇合，流程 46 千米。

据山西省水利厅古县东庄水文站 1965 年、1983 年资料分析，多年平均流量为 1.98 立方米/秒，其中清水流量 0.5 立方米/秒。洪安涧河多年平均径流量 0.596 亿立方米，最大年径流量 1.79 亿立方米（1964 年），最小年径流量 0.33 亿立方米（1961 年）。最大洪峰流量达 1 690 立方米/秒（1971 年），但历时较短，大都在 5 小时左右下降。洪安涧河河床为基岩河床，入洪洞境内为沙砾卵石河床，入汾标高 445 米。2010 年 8 月 9 日测量数据，径流量为 0.188 立方米/秒；2010 年径流总量为 593 万立方米。

②蔡子河。发源于古县南陈香村，经马家河村、孙寨村与柏树庄村，在洪洞曲亭镇黄鼠庄入境。流经洪洞县曲亭、淹底、甘亭 3 个乡（镇）的 15 个村庄，在洪洞县甘亭镇羊獬村流入汾河，全程 48 千米（境内 15 千米）。河床平均宽 35 米，流域面积 191 平方千米，由于集水面积较大，每年都有 13 次左右的洪水。据曲亭水库记载，最大洪峰量 305 立方米/秒（1975 年 7 月 21 日）。该河年平均径流量 822 万立方米，最大径流量 2 285 万立方米（1975），最小径流量 316 万立方米（1979 年），清水流量 0.2 立方米/秒。

③蔺河。蔺河发源于北平镇党家山村，流经北平镇李子坪村、宝丰村、贾寨村、黄家窑村进入安泽县境，注入沁河，流程 15 千米，径流量为 0.05 立方米/秒，年径流总量为 920 万立方米。

④刘垣河。源于祖师顶，经前沟口河、流经浮山县注入汾河，流程 13 千米，径流量 0.02 立方米/秒，年径流总量为 460 万立方米。

2. 地下水 境内大部分地区属剥蚀山丘地带，地下水主要靠大气降水补给。构造运动的不同造成地貌景观的明显差异，控制着地下水的分带、埋深、分布和补给。在变质岩及石灰岩区，大气降水渗入地下部分，除少量以泉水形式排出外，大部分以径流形式存在。径流模数为 4 升/（秒·平方千米），地下水资源为 10.02 万吨/日。在石炭系、二叠系和三叠系地层的地下水，除少量以泉水形式涌出地表外，大部分以径流方式向低洼处运动。该地层为县内的主要径流区，径流模数为 2 升/（秒·平方千米），地下水为 9.68 万吨/日。在更新世地层，地下水除被河谷侵蚀成泉水流出外，大部分排向低洼处，地下水径流模数为 1 升/（秒·平方千米），地下水资源为 2.94 万吨/日。在全新世地层，地下水径流模数为 4 升/（秒·平方千米），水资源为 1.03 万吨/日。

（四）自然植被

境内植被覆盖总面积为 70.71 万亩。其中天然林木覆盖面积 35.9 万亩，人工林覆盖面积 27.81 万亩，草地 7 万亩。主要植被类型有天然木材林、灌木和疏林、草本植物等。

1. 天然木材林（包括经济林） 多分布于海拔 1 200～1 800 米人烟稀少的霍山山区，全县共有林地面积 35.9 万亩。主要分布在大南坪、黄梁山、党家山、后华山（现有天然次生林 33.14 万亩）；其次是热留、北平、多沟、韩母、乔家山、哲才、四次山、王滩、赵寨、高城、大井沟、茨林、将军墓。其中多为松栎杂交林、针叶长绿林，有黑油松、白松、侧柏、香柏，阔叶林有栎、桦、杨、柳、榆、槐、椴、檀、柞、乌木、木瓜、杜梨，与自然林交错分布的还有经济林，如山核桃、山桃、山杏、山楂等。

2. 灌木、疏林　灌木面积 6.14 万亩、疏林面积 6.19 万亩，多分布在古阳、岳阳、石壁、永乐、旧县、郭店等地土石山区。主要灌木有荆、榛、藿、酸柳、虎留刺、酸枣刺、羊桃梢、马茹、乳茹、连翘、樱桃、药沿子、山葡萄、曾子、圪尖、郁李、轮白芽、山定、山海棠、黄芦柴和山丁香等；与灌木杂交的疏林有杨、柳、榆、槐、侧柏、油松等。

3. 草本植物　覆盖面积 7 万亩，遍及全境，主要有白羊草、山苜蓿、蒿类、狗尾草、甘草、苔草等。

四、农村经济概况

2011 年，古县农村经济总收入为 100 480.93 万元。其中，农业收入为 30 790.37 万元，占 30.6%；林业收入为 2 690.6 万元，占 2.7%；畜牧业收入为 3 219.7 万元，占 3.2%；工业收入为 33 852.47 万元，占 33.7%；建筑业收入为 5 848.4 万元，占 5.8%；运输业收入为 12 480.2 万元，占 12.4%；商业餐饮业收入为 6 905.3 万元，占 6.9%；服务业收入为 1 566.5 万元，占 1.6%，其他收入为 3 127.39 万元，占 3.1%。农民人均纯收入为 5 785 元。

改革开放以后，农村经济有了较快发展。农村经济总收入，1985 年为 3 752 万元，1990 年为 6 826 万元，是 1985 年的 1.8 倍；1995 年为 28 625 万元，是 1990 年的 4.2 倍；2000 年为 37 877 万元，是 1995 年的 1.3 倍；2005 年为 59 093 万元，是 2000 年的 1.6 倍；2010 年为 90 024.89 万元，是 2005 年的 1.5 倍；2011 年为 100 480.93 万元。农民人均纯收入也有了较快的提高。1975 年为 44 元，1980 年为 57 元，1982 年突破百元大关，1985 年为 300 元，1990 年为 453.4 元，1995 年为 923 元，2000 年为 1 861 元，2005 年达到 2 908 元；2011 年人均纯收入达到 5 785 元。

第二节　农业生产概况

一、农业发展历史

农业是国民经济中的第一产业，生产结构包括种植业、林业、畜牧业和副业；但数千年来一直以种植业为主。由于人口多，耕地面积相对较少，粮食生产尤占主要地位。在传统观念中，种植五谷，几乎就是农业生产的同义语。种植业即是狭义概念上的农业。20 世纪 50 年代以后，林业、畜牧业和副业等都在原有的基础上有了增长，但它们在农业总产值构成中所占的比重，总体变化不大。

在古县，种植业主要是粮食生产，比例占到九成以上。粮食生产主要是小麦和玉米，比例也占到九成以上。小麦和玉米种植的比例，历史上大致相当，玉米面积略多于小麦。20 世纪 90 年代，小麦价格上升，种植面积一度超过玉米。近年由于玉米价格接近小麦，而小麦产量远不及玉米，所以，玉米种植面积再度超过小麦。

古县是个传统农业县，农业是古县的立县之本，所谓“无农不稳”。长期以来，县委、县政府在制订县域经济发展规划时，无不把农业发展放在首位。特别是近几年，县委、县政府提出了“农业立县，工业富县，旅游兴县，文化强县”的发展方针，更是把农业发展放在了各项事业发展的首要位置。事实上，古县农业经过多年的发展，已经发生了根本性的变化，在土地整治、土壤改良、种子优化、水肥利用、机械更新、耕作制度跟进等一系列综合措施的进步和改善情况下，到2010年，人均粮食占有量达到575千克，在一个“七沟八梁”的黄土丘陵区，一个以旱作农业、靠天吃饭为主，且在十年九旱的自然条件下，实现了粮食自给有余，结束了千百年来大多数人长期饿肚子的生活，创造了温饱以至小康光景的奇迹。

1949年，古县粮食总产仅为13 990吨，油料产量为112.05吨；1980年粮食总产达到25 280吨，油料产量为116.6吨；1985年粮食总产达到32 050吨，是1949年的2.29倍；油料产量为791.34吨，是1949年的7.1倍。1995年粮食总产达41 441吨，是1980年的1.64倍；油料总产1 451吨，是1980年的12.44倍。

二、农业发展现状与问题

古县光热资源丰富，但水资源较缺，是农业发展的主要制约因素。

古县耕地面积24万亩，至2010年，全县水浇地面积累计达到1.78万亩。其中，机电灌溉占37处，装机容量460千瓦；渠道2千米、防渗漏渠道2千米，灌溉面积0.343 3万亩；机电井28处，灌溉面积0.093万亩；小型水利工程114处，灌溉面积1.34万亩。

古县主要农作物总产量见表1-5。

表1-5　古县主要农作物总产量

年份	粮食（吨）	油料（吨）	蔬菜（吨）	水果（吨）	猪牛羊肉（吨）	农民人均纯收入（元）
1949	13 990	112.05	—	—	—	—
1960	15 285	85.5	—	—	—	—
1965	21 590	117.8	—	—	—	—
1970	14 665	59.7	—	—	—	—
1975	24 170	90.25	1 035	70	—	44
1980	25 280	116.6	565	115	473.3	57
1985	32 050	791.34	2 090	265	751	300
1990	44 015	426.11	2 324	253	1 260.6	453.4
1995	41 441	1 451	2 088	200	2 316	923
2000	31 891	1 407	2 663	1 286	1 696	1 861
2005	35 489	382	4 797	3 020	1 800	2 908
2011	54 697	400.4	8 632.6	2 545.5	55.54	5 785

2011 年，古县农、林、牧、副、渔业总产值为 37 651.4 万元。其中，农业产值 26 904.9万元，占 71.5%；林业产值 3 902.5 万元，占 10.4%；牧业产值 6 378 万元，占 16.9%；农林牧服务业 466 万元，占 1.2%。

古县 2011 年粮食作物播种面积 21.9 万亩，油料作物 4 153.5 亩，蔬菜面积 4 602 亩，瓜果类 2 277 亩，薯类 5 259 亩，豆类 1.76 万亩，中药材 6 436.5 亩。

畜牧业是古县的一项优势产业，2011 年末，全县牲畜量，牛存栏 1 814 头，羊存栏 12 917 只，马、驴、骡 494 头，猪年底存栏 12 115 头，兔 16 100 只，家禽 14.16 万只；蜂蜜 10.4 吨。

古县农机化水平较高，田间作业基本全部实现机械化，大大减轻了劳动强度，提高了劳动效率。全县农机总动力为 100 751.6 千瓦。拖拉机 2 098 台，其中大中型 659 台、小型 1 439 台。种植业机具门类齐全。耕整机 172 台，机引犁 802 台，旋耕机 743 台，深松机 38 台，机引耙 157 台，播种机 846 台，化肥深施机 113 台，地膜覆盖机 35 台，排灌动力机械 447 台，农用水泵 197 台，节水灌溉类机械 47 套，秸秆粉碎还田机 54 台，机动脱粒机 313 台，农产品初加工动力机械 548 台，农产品初加工作业机械 552 台，畜牧养殖机械 201 台，林果业机械 20 台，农用运输车 5 036 台，农田基本建设机械 36 台。卷帘机 82 台，联合收割机 52 台，割晒机 168 台。全县机耕面积 13.7 万亩，机播面积 11.9 万亩，机收面积 6.8 万亩。农用化肥施用量 16 912.8 吨，农膜用量 95.04 吨，农药用量 48.7 吨。

古县各类水利设施共 2 059 处，大大提高了抵御自然灾害的能力，改善了生态环境，促进了工、农业生产的快速发展。其中，人字闸 85 处、机电灌站 37 处、机电井 28 眼、自流渠 76 处、旱井 500 眼，发展灌溉面积 1.546 万亩；人畜饮水工程 1 333 处（眼），其中提水工程 145 处、引水工程 58 处、蓄水工程 1 130 处（眼），解决了 430 个自然村的 4.92 万人、8 100 头大牲畜的饮水困难；堤坝 38.6 千米，保护耕地 0.9 万亩，治理水土流失面积 62.91 万亩。

从古县农业生产看，粮田面积不断扩大；秋粮种植面积一直多于小麦种植面积。分析其原因，由于玉米价格涨幅较大且产量较高，而小麦价格涨幅较小且产量较低。

粮田面积虽然扩大，但管理粗放。原因是人工费普遍提升，种粮机械化程度高，用工少；种田不如打工导致种植面积下降；同时，随着人工费的提升，种粮效益比较低。

第三节　耕地利用与保养管理

一、主要耕作方式及影响

古县的农田耕作方式有一年两熟即小麦—玉米（或豆类）和一年一熟（小麦）。一年两熟，前茬作物收获后，秸秆还田旋耕、播种，旋耕深度一般在 20～25 厘米。好处一是两茬秸秆还田，有效地提高了土壤有机质含量；二是全部机械作业，提高了劳动效率。缺点是土地不能深耕，降低了活土层厚度。一年一熟多种植小麦或薯类。前茬作物收获后，在伏天或冬前进行深耕，以便接纳雨雪、晒垡。深度一般可达 25 厘米以上，有利于打破犁底层、加厚活土层，同时还利于翻压杂草。

二、耕地利用现状，生产管理及效益

古县种植作物主要以冬小麦、春玉米、油料、小杂粮、蔬菜等为主，兼种一些经济作物。耕作制度有一年一熟、一年两熟。灌溉水源有浅井、深井、河水、水库；生产管理上机械化水平较高，但随着油价上涨，费用也在不断提高。一年一作亩投入 420 元左右，一年两作亩投入 590 元左右。

据 2011 年统计部门资料，古县农作物播种面积为 33.3 万亩，总产量为 97 697.9 吨；粮食播种面积为 21.9 万亩，总产量为 55 030 吨。其中，小麦面积为 10.06 万亩，总产 18 007.4吨；玉米 8.9 万亩，总产 31 506 吨，亩产 354 千克；豆类 1.8 万亩，总产 2 754 吨，亩产 153 千克；薯类（折粮）5 259 亩，总产 1 425 吨，亩产 271 千克；谷类 0.6 万亩，总产 1 338 吨，亩产 223 千克。

其他作物播种面积 11.4 万亩，总产量 42 667.5 吨。其中，油料 4 153.5 亩，总产 400.4 吨，亩产 96 千克；药材 10.3 万亩，总产 31 085.4 吨，亩产 301.8 千克；蔬菜 4 602亩，总产 8 632.6 吨，亩产 1 876 千克；瓜果类 2 278.5 亩，总产 2 545.5 吨，亩产 1 117千克。

效益分析：旱地小麦一般年份亩产 179 千克，亩产值 396 元，投入 331 元，亩纯收入 65 元；旱地玉米平均亩产 354 千克，每千克售价 2 元，亩产值 708 元，亩投入 300，亩收益 408 元。这里指的一般年份，如遇旱年，旱地小麦收入更低、甚至亏本。

三、施肥现状与耕地养分演变

古县大田施肥情况呈农家肥施用量下降的趋势。过去农村耕地、运输主要以畜力为主，农家肥主要是大牲畜粪便。1949 年全县仅有大牲畜 0.83 万头，随着新中国成立后农业生产的恢复和发展，到 1963 年增加到 1.07 万头，1984 年发展到 1.3 万头。随着家庭承包经营的推行，到 1996 年，大牲畜发展到 2.3 万头。随着农业机械化水平的提高，大牲畜又呈下降趋势，到 2011 年全县仅有大牲畜 0.89 万头。猪和鸡的数量虽然大量增加，但粪便主要施入菜田等效益较高的经济作物田。因而，目前大田土壤有机质含量的增加主要依靠秸秆还田。化肥的使用量，从逐年增加到趋于合理。据统计资料，全县化肥施用量：1975 年为 1 288 吨，1980 年为 2 962 吨，1985 年为 2 979 吨，1990 年为 5 367 吨，1995 年为 9 809 吨，到 2011 年为 16 912.8 吨。

2011 年全县测土配方施肥面积 21 万亩，微肥应用面积 13 万亩，秸秆还田面积 17 万余亩。化肥施用量（实物）为 16 912.8 吨，其中氮肥 8 170.9 吨，磷肥 6 851 吨，钾肥 246.5 吨，复合肥 1 644.3 吨。

随着农业生产的发展，秸秆还田、测土配方施肥技术的推广，2011 年古县耕地土壤养分含量比 1984 年第二次全国土壤普查时普遍提高。土壤有机质平均增加了 4.89 克/千克，全氮增加了 0.208 克/千克，有效磷增加了 10.26 毫克/千克，速效钾增加了 11.55 毫克/千克。随着测土配方施肥技术的全面推广应用，土壤肥力更会不断提高。

四、农田环境质量与历史变迁

农田环境质量的好坏，直接影响农产品的产量和品质。1980—2010 年，随着经济的高速发展，古县工业发展很快，给农业生态环境带来一定的负面影响。

近年来，古县在环境治理上的投资近 1 亿元，企业始终坚持先批后建、降耗减排的方针，把环境治理当作企业生存和发展的根本大计。1989 年，县环保部门对 63 个企业的环境污染状况进行了调查，废气排放总量 10 454 万立方米、废水排放量 11.8 万吨、废渣排放量 6.5 万吨。环境污染日趋严重，经济发展与环境保护矛盾日渐突出。焦炭生产污染物排放种类多、治理难度大，对群众的生存和生活构成了巨大威胁，全县大气、地表水、土壤都不同程度受到了污染。据环保部门监测，主要炼焦区大气颗粒物浓度高达 800 毫克/米^3，苯并芘含量超标，附近地表水 COD、NH_3等污染物超标，焦化行业对大气和水环境的污染负荷占到全县总负荷的一半以上。

自 2002 年以来，共关停污染企业 84 处，其中关停土炼焦 51 处、小石灰窑 11 个、小耐材窑 5 个、小铁厂 1 个、小水泥厂 1 个、96 型改良焦厂 15 处。炸毁烟囱 49 根、取缔私开矿 113 处。煤矿由原来的 90 座减少到现在的 39 座，焦化企业由 120 家减少到 6 家，洗煤企业由 50 家减少到 36 家。形成了以正泰、森润、利达、晋豫、锦华、宝丰六大机焦企业为主的涧河、蔺河两大工业园区。2004 年，投资 4 000 余万元，实施煤气输配工程，日供气能力达 3 万立方米；2005 年投资 11 540 万元的化产回收工程建成投产。2006 年宝丰、晋豫、利达、正泰、森润五大焦化企业自备发电能力达到 18 000 千瓦。2007 年，大力实施“蓝天碧水”六大工程，以焦化企业综合治理为重点，投资 1.66 亿元，完成焦化企业消烟除尘设施、污水处理工程、厂区综合治理等环保设施建设。投资 120 万元完成了古县空气质量自动监测系统。

古县空气环境质量现状，全县 2011 年二级以上天数 364 天（其中一级天数 109 天），综合污染指数 1.115，空气质量逐步改善。主要污染物总量减排分别是二氧化硫 22.4 吨、氮氧化物 19.1 吨、化学需氧量 17.3 吨、氨氮 1.5 吨、工业烟尘 37.9 吨、工业粉尘 109 吨。全年古县污染物削减分别是二氧化硫排放量降幅 2%，削减 22.9 吨；化学需氧量排放量降幅 2%，削减 17.6 吨；氨氮排放量降幅 2%，削减 2.0 吨；烟尘排放量降幅 3%，削减 38.1 吨；粉尘排放量降幅 2.5%，削减 110 吨；氮氧化物降幅 2%，削减 19.7 吨，完成全年减排任务的 100%。

五、耕地利用与保养管理简要回顾

1988—1998 年，根据全国第二次土壤普查结果，古县划分了土壤利用改良区，根据不同土壤类型、不同土壤肥力和不同生产水平，提出了合理利用培肥措施。

1999—2011 年，随着农业产业结构调整步伐加快，实施“沃土”计划，推广测土配方施肥，小麦、玉米两茬秸秆直接还田。特别是2009年以来，测土配方施肥项目的实施，使全县施肥更合理，加上退耕还林等生态措施的实施，农业大环境得到了有效改善。近年来，随着科学发展观的贯彻落实，环境保护力度不断加大，农田环境日益好转。同时政府不断加大对农业的投入。通过一系列有效措施，全县耕地质量正逐步提高。

第二章　耕地地力调查与质量评价的内容和方法

根据《耕地地力调查与质量评价技术规程》（以下简称《规程》）和《全国测土配方施肥技术规范》（以下简称《规范》）的要求，通过肥料效应田间试验、样品采集与制备、田间基本情况调查、土壤与植株测试、肥料配方设计、配方肥料合理使用、效果反馈与评价、数据汇总、报告撰写等内容、方法与操作规程和耕地地力评价方法的工作过程，进行耕地地力调查和质量评价。这次调查和评价是基于4个方面进行的。一是通过耕地地力调查与评价，合理调整农业结构，满足市场对农产品多样化、优质化的要求以及经济发展的需要。二是全面了解耕地质量现状，为无公害农产品、绿色食品、有机食品生产提供科学依据，为人民提供健康安全食品。三是针对耕地土壤的障碍因子，提出中低产田改造、防止土壤退化及修复已污染土壤的意见和措施，提高耕地综合生产能力。四是通过调查，建立全县耕地资源信息管理系统和测土配方施肥专家咨询系统，对耕地质量和测土配方施肥实行计算机网络管理，形成较为完善的测土配方施肥数据库，为农业增产、增效，农民增收提供科学的决策依据，保证农业可持续发展。

第一节　工作准备

一、组织准备

由山西省农业厅牵头成立测土配方施肥和耕地地力调查领导组、专家组、技术指导组，古县成立相应的领导组、办公室、野外调查队和室内资料数据汇总组。

二、物资准备

根据《规程》和《规范》要求，进行了充分物资准备，先后配备了GPS定位仪、不锈钢土钻、计算机、钢卷尺、100立方厘米环刀、土袋、可封口塑料袋、水样瓶、水样固定剂、化验药品、化验室仪器以及调查表格等。并在原来土壤化验室基础上，进行必要的补充和维修，为全面调查和室内化验分析做好了充分物资准备。

三、技术准备

由山西省土壤肥料工作站领导，协同山西农业大学资源环境学院相关专家，临汾市土壤肥料工作站以及古县土壤肥料工作站相关技术人员，组成技术指导组，根据《规程》和

《规范》，并编写了技术培训教材。在采样调查前对采样调查人员进行认真、系统的技术培训。

四、资料准备

按照《规程》和《规范》要求，收集了古县行政规划图、地形图、第二次土壤普查成果图、基本农田保护区划图、土地利用现状图、农田水利分区图等图件。收集了第二次土壤普查成果资料，基本农田保护区地块基本情况、基本农田保护区划统计资料，大气和水质量污染分布及排污资料，蔬菜、果树生产及污染等有关资料，农田水利灌溉区域、面积及地块灌溉保证率，退耕还林规划，肥料、农药使用品种及数量、肥力动态监测等资料。

第二节　室内预研究

一、确定采样点位

（一）布点与采样原则

为了使土壤调查所获取的信息具有一定的典型性和代表性，提高工作效率，节省人力和资金。采样前参考县级土壤图，做好采样点规划设计，确定采样点位。实际采样时严禁随意变更采样点，若有变更须注明理由。在布点和采样时主要遵循了以下原则：一是布点具有广泛的代表性，同时兼顾均匀性，根据土壤类型、土地利用等因素，将采样区域划分为若干个采样单元，每个采样单元的土壤性状要尽可能均匀一致。二是耕地地力调查与污染调查（面源污染与点源污染）相结合，适当加大污染源点位密度。三是尽可能在全国第二次土壤普查时的剖面或农化样取样点上布点。四是采集的样品具有典型性，能代表评价单元最明显、最稳定、最典型的特征，尽量避免各种非调查因素的影响。五是所调查农户随机抽取，按照事先所确定采样地点寻找符合基本采样条件的农户进行，采样在符合要求的同一农户的同一地块内进行。

（二）布点方法

1. 大田土样布点方法　按照全国《规程》和《规范》，结合古县实际，将大田样点密度定为每 150 亩一个点位，2009 年实际布设大田样点 1 600 个，2010—2011 年采取加密的办法，共布设样点 2 000 个。一是依据山西省第二次土壤普查土种归属表，把那些图斑面积过小的土种，适当合并至母质类型相同、质地相近、土体构型相似的土种，修改编绘出新的土种图。二是将归并后的土种图与基本农田保护区划图和土地利用现状图叠加，形成评价单元。三是根据评价单元的个数及相应面积，在样点总数的控制范围内，初步确定不同评价单元的采样点数。四是在评价单元中，根据图斑大小、种植制度、作物种类、产量水平等因素的不同，确定布点数量和点位，并在图上予以标注。点位尽可能选在第二次土壤普查时的典型剖面取样点或农化样品取样点上。五是不同评价单元的取样数量和点位确定后，按照土种、作物品种、产量水平等因素，分别统计其相应的取样数量。当某一因素点位数过少或过多时，再根据实际情况进行适当调整。

2. 耕地质量调查土样布点方法　2011 年面源污染耕地土壤环境质量调查土样，在疑似污染区，标点密度适当加大，按 0.5 万～1 万亩取 1 个样，如污染灌溉区、城市垃圾或工业废渣集中排放区，农药、化肥、农用塑料大量施用的农田为调查重点。根据调查了解的实际情况，确定点位位置；根据污染类型及面积，确立布点方法。此次调查，共布设面源质量调查土样 100 个。

二、确定采样方法

（一）大田土样采集方法

1. 采样时间　在前茬作物收获后、后茬作物施肥前进行。按叠加图上确定的调查点位去野外采集样品。通过向农民实地了解当地的农业生产情况，确定最具代表性的同一农户的同一块田采样，田块面积均在 1 亩以上，并用 GPS 定位仪确定地理坐标和海拔高程，记录经纬度，精确到 0.1″。依此数据准确修正点位图上的点位位置。

2. 调查、取样　向已确定采样田块的户主，按农户地块调查表格的内容逐项进行调查并认真填写。调查严格遵循实事求是的原则，对那些提供信息不清楚的农户，通过访问地力水平相当、位置基本一致的其他农户或对实物进行核对推算。采样主要采用“S”法，均匀随机采取 15～25 个采样点样品，充分混合后，四分法留取 1 千克组成一个土壤样品，并装入已准备好的土袋中。

3. 采样工具　主要采用不锈钢土钻，采样过程中努力保持土钻垂直，样点密度均匀。

4. 采样深度　为 0～20 厘米耕作层土样。

5. 采样记录　填写 2 张标签，土袋内外各具 1 张，注明采样编号、采样地点、采样人、采样日期等。采样同时，填写大田采样点基本情况调查表和大田采样点农户调查表。

（二）耕地质量调查土样采集方法

根据污染类型及面积大小，确定采样点布设方法。污水灌溉农田采用对角线布点法；固体废物污染农田或污染源附近农田采用棋盘或同心圆布点法；面积较小、地形平坦区域采用梅花布点法；面积较大、地势较复杂区域采用“S”布点法。每个样品一般由 15～25 个采样点样品组成，面积大的适当增加采样点。采样深度一般为 0～20 厘米。采样同时，对采样地环境情况进行调查。

三、确定调查内容

根据《规范》要求，按照“测土配方施肥采样地块基本情况调查表”认真填写。这次调查的范围是辖区内耕地和园地（包括蔬菜、果园和其他经济作物田），调查内容主要有四个方面：一是与耕地地力评价相关的耕地自然环境条件，农田基础设施建设水平和土壤理化性状，耕地土壤障碍因素和土壤退化原因等。二是与农产品品质相关的耕地土壤环境状况，如土壤的富营养化、养分不平衡与缺乏微量元素和土壤污染等。三是与农业结构调整密切相关的耕地土壤适宜性问题等。四是农户生产管理情况。

以上资料的获得，一是利用第二次土壤普查和土地利用详查等现有资料，通过收集整理而来。二是采用以点带面的调查方法，经过实地调查访问农户获得的。三是对所采集样品进行相关分析化验后取得。四是将所有的资料、包括农户生产管理情况调查资料等分析数据录入到计算机中，并经过矢量化处理形成数字化图件、插值，使每个地块均具有详细的资料信息。这些资料和信息，对分析耕地地力评价与耕地质量评价结果及影响因素具有重要意义。如通过分析农户投入和生产管理对耕地地力土壤环境的影响，分析农民现阶段投入成本与耕地质量的直接关系，有利于提高成果的利用价值，引起各级领导的关注。通过对每个地块资源的充实完善，可以从微观角度，对土、肥、气、热、水资源运行情况有更周密的了解，提出管理措施和对策，指导农民进行资源合理利用和分配。通过对全部信息资料的了解和掌握，可以宏观调控资源配置，合理调整农业产业结构，科学指导农业生产。

四、确定分析项目和方法

根据《规程》及《山西省耕地地力调查及质量评价实施方案》和《规范》规定，土壤质量调查样品检测项目为：pH、有机质、全氮、全钾、缓效钾、碱解氮、有效磷、速效钾、全磷、铜、锰、铁、锌、硫、硼、阳离子交换量 16 个项目；其分析方法均按全国统一规定的测定方法进行。

五、确定技术路线

古县耕地地力调查与质量评价所采用的技术路线见图 2-1。

1. 确定评价单元 利用基本农田保护区区划图、土壤图和土地利用现状图叠加的图斑为基本评价单元。相似相近的评价单元至少采集一个土壤样品进行分析，在评价单元图上连接评价单元属性数据库，用计算机绘制各评价因子图。

2. 确定评价因子 根据全国、省级耕地地力评价指标体系并通过农科教专家论证来选择古县耕地地力评价因子。

3. 确定评价因子权重 用模糊数学德尔菲法和层次分析法将评价因子标准数据化，并计算出每一评价因子的权重。

4. 数据标准化 选用隶属函数法和专家经验法等数据标准化方法，对评价指标进行数据标准化处理，对定性指标要进行数值化描述。

5. 综合地力指数计算 用各因子的地力指数累加得到每个评价单元的综合地力指数。

6. 划分地力等级 根据综合地力指数分布的累积频率曲线法或等距法，确定分级方案，并划分地力等级。

7. 归入全国耕地地力等级体系 依据《全国耕地类型区、耕地地力等级划分》（NY/T 309—1996），归纳整理各级耕地地力要素主要指标，结合专家经验，将各级耕地地力归入全国耕地地力等级体系。

8. 划分中低产田类型 依据《全国中低产田类型划分与改良技术规范》（NY/T 310—1996），分析评价单元耕地土壤主要障碍因素，划分并确定中低产田类型。

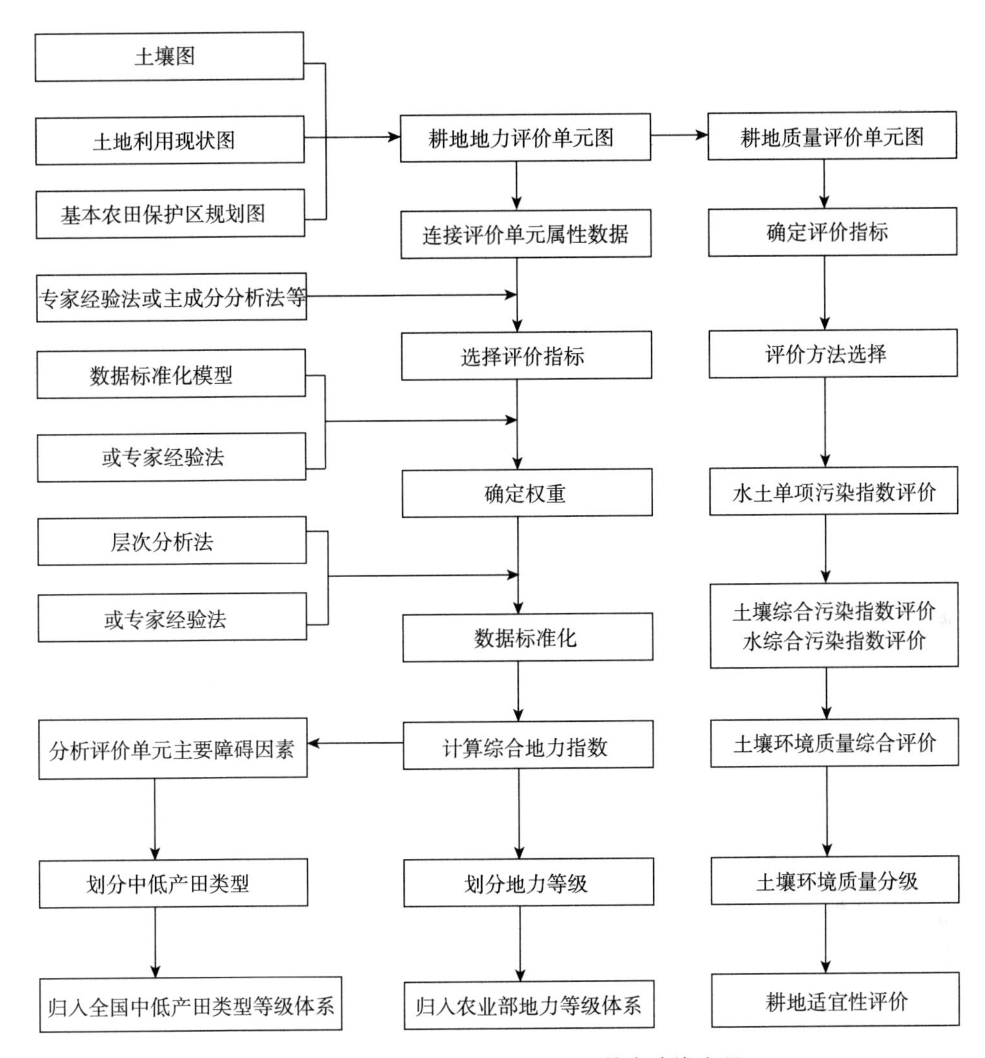

图 2-1　耕地地力调查与质量评价技术路线流程

9. 耕地质量评价　用综合污染指数法评价耕地土壤环境质量。

第三节　野外调查及质量控制

一、调查方法

野外调查的重点是对取样点的立地条件、土壤属性、农田基础设施条件、农户栽培管理成本、收益及污染等情况全面了解和掌握。

1. 室内确定采样位置　技术指导组根据要求，在1∶10 000评价单元图上确定各类型采样点的采样位置，并在图上标注。

2. 培训野外调查人员　抽调技术素质高、责任心强的农业技术人员，尽可能抽调第二次土壤普查人员，经过为期3天的专业培训和野外实习，组成6支野外调查队，共20

余人参加野外调查。

3. 根据《规程》和《规范》要求，严格取样 各野外调查支队根据图标位置，在了解农户农业生产情况基础上，确定具有代表性的田块和农户，用GPS定位仪进行定位，依据田块准确方位修正点位图上的点位位置。

4. 按照《规程》、省级实施方案要求规定和《规范》规定，填写调查表格，并将采集的样品统一编号，带回室内化验。

二、调查内容

（一）基本情况调查项目

1. 采样地点和地块 地址名称采用民政部门认可的正式名称。地块采用当地的通俗名称。

2. 经纬度及海拔高度 由GPS定位仪进行测定。

3. 地形地貌 以形态特征划分为三大地貌类型，即石山区、土石山区、丘陵沟壑区。

4. 地形部位 指中小地貌单元。主要包括河漫滩、一级阶地、二级阶地、高阶地、坡地、梁地、垣地、峁地、山地、沟谷、洪积扇（上、中、下）、倾斜平原、河槽地、冲积平原。

5. 坡度 一般分为＜2.0°、2.1°～5.0°、5.1°～8.0°、8.1°～15.0°、15.1°～25.0°、≥25.0°。

6. 侵蚀情况 按侵蚀种类和侵蚀程度记载，根据土壤侵蚀类型可划分为水蚀、风蚀、重力侵蚀、冻融侵蚀、混合侵蚀等，侵蚀程度通常分为无明显、轻度、中度、强度、极强度5级。

7. 潜水深度 指地下水深度，分为深位（3～5米）、中位（2～3米）、浅位（≤2米）。

8. 家庭人口及耕地面积 指每个农户实有的人口数量和种植耕地面积（亩）。

（二）土壤性状调查项目

1. 土壤名称 统一按第二次土壤普查时的连续命名法填写，详细到土种。

2. 土壤质地 采用国际制；全部样品均需采用手摸测定；质地分为沙土、沙壤、轻壤、中壤、重壤、黏土6级。室内选取10%的样品采用比重计法（粒度分布仪法）测定。

3. 质地构型 指不同土层之间质地构造变化情况。一般可分为通体壤、通体黏、通体沙、黏夹沙、底沙、壤夹黏、多砾、少砾、夹砾、底砾、少姜、多姜等。

4. 耕层厚度 用铁锹垂直铲下去，用钢卷尺按实际进行测量确定。

5. 障碍层次及深度 主要指沙土、黏土、砾石、料姜等所发生的层位、层次及深度。

6. 土壤母质 按成因类型分为保德红土、残积物、河流冲积物、洪积物、黄土状冲积物、离石黄土、马兰黄土等类型。

（三）农田设施调查项目

1. 地面平整度 按大范围地形坡度分为平整（＜2°）、基本平整（2°～5°）、不平整（＞5°）。

2. 梯田化水平　分为地面平坦、园田化水平高，地面基本平坦、园田化水平较高，高水平梯田，缓坡梯田，新修梯田，坡耕地 6 种类型。

3. 田间输水方式　管道、防渗渠道、土渠等。

4. 灌溉方式　分为漫灌、畦灌、沟灌、滴灌、喷灌、管灌等。

5. 灌溉保证率　分为充分满足、基本满足、一般满足、无灌溉条件 4 种情况或按灌溉保证率（%）计。

6. 排涝能力　分为强、中、弱 3 级。

（四）生产性能与管理情况调查项目

1. 种植（轮作）制度　分为一年一熟、一年两熟、两年三熟等。

2. 作物（蔬菜）种类与产量　指调查地块上年度主要种植作物及其平均产量。

3. 耕翻方式及深度　指翻耕、旋耕、耙地、耱地、中耕等。

4. 秸秆还田情况　分翻压还田、覆盖还田等。

5. 设施类型、棚龄或种菜年限　分为薄膜覆盖、塑料拱棚、温室等，棚龄以正式投入生产算起。

6. 上年度灌溉情况　包括灌溉方式、灌溉次数、年灌水量、水源类型、灌溉费用等。

7. 年度施肥情况　包括有机肥、氮肥、磷肥、钾肥、复合（混）肥、微肥、叶面肥、微生物肥及其他肥料施用情况，有机肥要注明类型，化肥指纯养分。

8. 上年度生产成本　包括化肥、有机肥、农药、农膜、种子（种苗）、机械人工及其他。

9. 上年度农药使用情况　农药作用次数、品种、数量。

10. 产品销售及收入情况。

11. 作物品种及种子来源。

12. 蔬菜效益　指当年纯收益。

三、采样数量

在古县 24 万亩耕地上，共采集大田土壤样品 3 600 个，其中土壤面源污染 100 个。

四、采样控制

野外调查采样是此次调查评价的关键。既要考虑采样代表性、均匀性，也要考虑采样的典型性。根据古县的区划划分特征，分别在北部石山区、中东部土石山区、南部黄土丘陵沟壑区，并充分考虑不同作物类型、不同地力水平的农田，严格按照《规程》和《规范》要求均匀布点，并按图标布点实地核查后进行定点采样。在工矿周围农田质量调查方面，重点对使用工业水浇灌的农田以及大气污染较重的纸业、金属镁厂等附近农田进行采样。整个采样过程严肃认真，达到了《规程》要求，保证了调查采样质量。

第四节　样品分析及质量控制

一、分析项目及方法

（一）物理性状

土壤容重：采用环刀法测定。

（二）化学性状

1. 土壤样品

（1）pH：土液比1∶2.5，采用电位法测定。

（2）有机质：采用油浴加热重铬酸钾氧化容量法测定。

（3）全磷：采用氢氧化钠熔融——钼锑抗比色法测定。

（4）有效磷：采用碳酸氢钠—盐酸浸提——钼锑抗比色法测定。

（5）全钾：采用氢氧化钠熔融——火焰光度计法测定。

（6）速效钾：采用乙酸铵浸提——火焰光度计法测定。

（7）全氮：采用凯氏蒸馏法测定。

（8）碱解氮：采用碱解扩散法测定。

（9）缓效钾：采用硝酸提取——火焰光度法测定。

（10）有效铜、锌、铁、锰：采用DTPA提取——原子吸收光谱法测定。

（11）有效钼：采用草酸—草酸铵浸提——极谱法测定。

（12）水溶性硼：采用沸水浸提——甲亚胺—姜黄素比色法测定。

（13）有效硫：采用磷酸盐—乙酸浸提——硫酸钡比浊法测定。

（14）有效硅：采用柠檬酸浸提——硅钼蓝比色法测定。

（15）交换性钙和镁：采用乙酸铵提取——原子吸收光谱法测定。

（16）阳离子交换量：采用EDTA—乙酸铵盐交换法测定。

2. 土壤污染样品

（1）pH：采用玻璃电极法。

（2）铅、镉：采用石墨炉原子吸收分光光度法（GB/T 17141—1997）。

（3）总汞：采用冷原子吸收光谱法（GB/T 17136—1997）。

（4）总砷：采用二乙基二硫代氨基甲酸银分光光度法（GB/T 17134—1997）。

（5）总铬：采用火焰原子吸收分光光度法（GB/T 17137—1997）。

（6）铜、锌：采用火焰原子吸收分光光度法（GB/T 17138—1997）。

（7）镍：采用火焰原子吸收分光光度法（GB/T 17139—1997）。

（8）六六六、滴滴涕：采用气相色谱法（GB 14550—2003）。

二、分析测试质量控制

分析测试质量主要包括野外调查取样后样品风干、处理与实验室分析化验质量，其质量的控制是调查评价的关键。

（一）样品风干及处理

常规样品如大田样品、果园土壤样品，及时放置在干燥、通风、卫生、无污染的室内风干，风干后送化验室处理。

将风干后的样品平铺在制样板上，用木棍或塑料棍碾压，并将植物残体、石块等侵入体和新生体剔除干净。细小已断的植物须根，可采用静电吸附的方法清除。压碎的土样用2毫米孔径筛过筛，未通过的土粒重新碾压，直至全部样品通过2毫米孔径筛为止。通过2毫米孔径筛的土样可供pH、盐分、交换性能及有效养分等项目的测定。

将通过2毫米孔径筛的土样用四分法取出一部分继续碾磨，使之全部通过0.25毫米孔径筛，供有机质、全氮、碳酸钙等项目的测定。

用于微量元素分析的土样，其处理方法同一般化学分析样品，但在采样、风干、研磨、过筛、运输、贮存等诸环节都要特别注意，不要接触容易造成样品污染的铁、铜等金属器具。采样、制样推荐使用不锈钢、木、竹或塑料工具，过筛使用尼龙网筛等。通过2毫米孔径尼龙筛的样品可用于测定土壤有效态微量元素。

将风干土样反复碾碎，用2毫米孔径筛过筛。留在筛上的碎石称量后保存，同时将过筛的土壤称重，计算石砾质量百分数。将通过2毫米孔径筛的土样混匀后盛于广口瓶内，用于颗粒分析及其他物理性质测定。若风干土样中有铁锰结核、石灰结核、铁子或半风化体，不能用木棍碾碎，应首先将其细心拣出称量保存，然后再进行碾碎。

（二）实验室质量控制

1. 测试前采取的主要措施

（1）方案制订：按《规程》要求制订了周密的采样方案，尽量减少采样误差（把采样作为分析检验的一部分）。

（2）人员培训：正式开始分析前，对检验人员进行了为期2周的培训。对检测项目、检测方法、操作要点、注意事项一一进行培训，并进行了质量考核，为检验人员掌握了解项目分析技术、提高业务水平、减少误差等奠定了基础。

（3）收样登记制度：制订了收样登记制度，将收样时间、制样时间、处理方法与时间、分析时间一一登记，并在收样时确定样品统一编码、野外编码及标签等，从而确保了样品的真实性和整个过程的完整性。

（4）测试方法确认（尤其是同一项目有几种检测方法时）：根据实验室现有条件、要求规定及分析人员掌握情况等确立最终采取的分析方法。

（5）测试环境确认：为减少系统误差，对实验室温湿度、试剂、用水、器皿等一一检验，保证其符合测试条件。对有些相互干扰的项目分实验室进行分析。

（6）仪器使用：检测用仪器设备及时进行计量检定，定期对运行状况进行检查。

2. 检测中采取的主要措施

（1）仪器使用实行登记制度，并及时对仪器设备进行检查维修和调整。

（2）严格执行项目分析标准或规程，确保测试结果准确性。

（3）坚持平行试验、必要的重显性试验，控制精密度，减少随机误差。

每个项目开始分析时每批样品均须做100%平行样品，结果稳定后，平行次数减少

50%，但最少保证做10%～15%的平行样品。每个化验人员都自行编入明码样做平行测定，质控员还编入10%密码样进行质量控制。

平行双样测定结果的误差在允许的范围之内为合格；平行双样测定全部不合格者，该批样品须重新测定；平行双样测定合格率<95%时，除对不合格的重新测定外，再增加10%～20%的平行测定率，直到总合格率达95%。

（4）坚持带质控样进行测定

①与标准样对照。分析中，每批次样品带标准样品10%～20%，在测定的精密度合格的前提下，标准样测定值在标准保证值（95%的置信水平）范围内为合格，否则本批结果无效，进行重新分析测定。

②加标回收法。对灌溉水样由于无标准物质或质控样品，采用加标回收试验来测定准确度。

③加标率。在每批样品中，随机抽取10%～20%试样进行加标回收测定。

④加标量。被测组分的总量不得超出方法的测定上限。加标浓度宜高、体积应小，不应超过原定试样体积的1%。

加标回收率在90%～110%范围内的为合格。根据回收率大小，也可判断是否存在系统误差。

$$加标回收率（\%）=\frac{测得总量-样品含量}{标准加入量}\times 100$$

（5）注重空白试验：全程空白值是指用某一方法测定某物质时，除样品中不含该物质外，整个分析过程中引起的信号值或相应浓度值。它包含了试剂、蒸馏水中杂质带来的干扰，从待测试样的测定值中扣除，可消除上述因素带来的系统误差。如果空白值过高，则要找出原因，采取其他措施（如提纯试剂、更新试剂、更换容器等）加以消除。保证每批次样品做2个以上空白样，并在整个项目开始前按要求做全程空白测定，每次做2个平行空白样，连测5天共得10个测定结果，计算批内标准偏差 S_{wb}

$$S_{wb}=\left[\sum(X_i-X_{平})^2/m(n-1)\right]^{1/2}$$

式中：n——每天测定平均样个数；

m——测定天数。

（6）做好校准曲线：比色分析中标准系列保证设置6个以上浓度点。根据浓度和吸光值按一元线性回归方程 $Y=a+bX$ 计算其相关系数，

式中：Y——吸光度；

X——待测液浓度；

a——截距；

b——斜率。

要求标准曲线相关系数 r≥0.999。

校准曲线控制：①每批样品皆需做校准曲线；②标准曲线力求 r≥0.999，且有良好重现性；③大批量分析时每测10～20个样品要用标准液校验，检查仪器状况；④待测液浓度超标时不能任意外推。

（7）用标准物质校核实验室的标准滴定溶液：标准物质的作用是校准。对测量过程中

使用的基准纯、优级纯的试剂进行校验。校准合格才能使用，确保量值准确。

（8）详细、如实记录测试过程：使检测条件可再现、检测数据可追溯。对测量过程中出现的异常情况也及时记录，及时查找原因。

（9）认真填写测试原始记录：测试记录做到如实、准确、完整、清晰。记录的填写、更改均制订了相应制度和程序。当测试由一人读数一人记录时，记录人员复读多次所记的数字，减少误差发生。

3. 检测后主要采取的技术措施

（1）加强原始记录校核、审核：实行“三审三校”制度，对发现的问题及时研究、解决，或召开质量分析会，达成共识。

（2）运用质量控制图预防质量事故发生：对运用均值—极差控制图的判断，参照《质量专业理论与实名》中的判断准则。对控制样品进行多次重复测定，由所得结果计算出控制样的平均值 X 及标准差 S（或极差 R），就可绘制均值—标准差控制图（或均值—极差控制图），纵坐标为测定值，横坐标为获得数据的顺序。将均值 X 作成与横坐标平行的中心级 CL，$X \pm 3S$ 为上下警戒限 UCL 及 LCL，$X \pm 2S$ 为上下警戒限 UWL 及 LWL。在进行试样例行分析时，每批带入控制样，根据差异判异准则进行判断。如果在控制限之外，该批结果为全部错误结果，则必须查出原因，采取措施，加以消除，除“回控”后再重复测定，并控制错误不再出现，如果控制样的结果落在控制限和警戒限之间，说明精密度已不理想，应引起注意。

（3）控制检出限：检出限是指对某一特定的分析方法在给定的置信水平内，可以从样品中检测的待测物质的最小浓度或最小量。根据空白测定的批内标准偏差（S_{wb}）按下列公式计算检出限（95%的置信水平）。

①若试样一次测定值与零浓度试样一次测定值有显著性差异时，检出限（L）按下列公式计算：

$$L = 2 \times 2^{1/2} t_f S_{wb}$$

式中：L——方法检出限；

t_f——显著水平为 0.05（单侧）、自由度为 f 的 t 值；

S_{wb}——批内空白值标准偏差；

f——批内自由度，$f=m(n-1)$，m 为重复测定次数，n 为平行测定次数。

②原子吸收分析方法中检出限计算：$L=3S_{wb}$。

③分光光度法以扣除空白值后的吸光值为 0.010 相对应的浓度值为检出限。

（4）及时对异常情况处理：

①异常值的取舍。对检测数据中的异常值，按 GB 4883 标准规定采用 Grubbs 法或 Dixon 法加以判断处理。

②外界干扰（如停电、停水）。检测人员应终止检测，待排除干扰后再重新检测，并记录干扰情况。当仪器出现故障时，故障排除后并校准合格的，方可重新开始检测。

（5）数据处理：使用计算机采集、处理、运算、记录、报告、存储检测数据时，应制订相应的控制程序。

（6）检验报告的编制、审核、签发：检验报告是实验工作的最终结果，是实验室工作的产品，因此对检验报告质量要高度重视。检验报告应做到完整、准确、清晰、结论正确。必须坚持三级审核制度，明确制表、审核、签发的职责。

除此之外，为保证分析化验质量，提高实验室之间分析结果的可比性，山西省土壤肥料工作站抽查5%～10%样品在省测试中心进行复核，并编制密码样，对实验室进行质量监督和控制。

4. 技术交流 在分析过程中，发现问题及时交流、改进方法，不断提高技术水平。

5. 数据录入 分析数据按《规程》和方案要求审核后编码整理，和采样点一一对照，确认无误后进行录入。采取双人录入、相互对照的方法，保证录入正确率。

第五节 评价依据、方法及评价标准体系的建立

一、评价原则依据

由山西省土壤肥料工作站领导，协同山西农业大学资源环境学院相关专家、临汾市土壤肥料工作站以及古县土壤肥料工作站相关技术人员评议，古县确定了五大因素、10个因子为耕地地力评价指标。

1. 立地条件 指耕地土壤的自然环境条件，它包含与耕地质量直接相关的地貌类型及地形部位、成土母质、地面坡度等。

（1）地貌类型及其特征描述：西北部和北部多高山峻岭，为相对高差较大的山区。中南部为相对较低的丘陵区，地表黄土覆盖较厚；因风雨侵蚀，残垣交错、沟壑纵横、梁峁棋布。全县地形地貌特征，大致可以分为3个类型地区：北部石山区、中东部土石山区、南部黄土丘陵沟壑区。

（2）成土母质及其主要分布：残积、坡积物，主要分布在北平镇、古阳镇一带的，是古生代寒武纪和奥陶纪生成的石灰岩、白云质灰岩等，易风化，形成的土壤土质细腻黏重。黄土、红黄土及红土，多分布在下冶村、热留村、永乐村的梁状丘陵地上。洪积、冲积物，分布在河谷两侧，沟谷地及北平镇的山间盆地上，系经流水作用再搬运沉积而成。

（3）地面坡度：地面坡度反映水土流失程度，直接影响耕地地力，古县将地面坡度依大小分成6级（<2.0°、2.1°～5.0°、5.1°～8.0°、8.1°～15.0°、15.1°～25.0°、≥25.0°）进入地力评价系统。

2. 土体构型 指土壤剖面中不同土层间质地构造变化情况，直接反映土壤发育及障碍层次，影响根系发育、水肥保持及有效供给，主要为耕层厚度。

耕层厚度：按其厚度（厘米）深浅从高到低依次分为6级（>30、26～30、21～25、16～20、11～15、≤10）进入地力评价系统。

3. 较稳定的物理性状（耕层质地、有机质、pH）

（1）耕层质地：影响水肥保持及耕作性能。按卡庆斯基制的6级划分体系来描述，分别为沙土、沙壤、轻壤、中壤、重壤、黏土。

（2）有机质：土壤肥力的重要指标，直接影响耕地地力水平。按其含量（克/千克）从高到低依次分为6级（>25.00、20.01～25.00、15.01～20.00、10.01～15.00、

5.01～10.00、≤5.00）进入地力评价系统。

（3）pH：过大或过小均影响作物生长发育。按照古县耕地土壤的pH范围，按其测定值由低到高依次分为6级（6.0～7.0、7.0～7.9、7.9～8.5、8.5～9.0、9.0～9.5、≥9.5）进入地力评价系统。

4. 易变化的化学性状（有效磷、速效钾）

（1）有效磷：按其含量（毫克/千克）从高到低依次分为6级（>25.00、20.1～25.00、15.1～20.00、10.1～15.00、5.1～10.00、≤5.00）进入地力评价系统。

（2）速效钾：按其含量（毫克/千克）从高到低依次分为6级（>200、151～200、101～150、81～100、51～80、≤50）进入地力评价系统。

5. 农田基础设施条件　梯（园）田化水平：按园田化和梯田类型及其熟化程度分为地面平坦、园田化水平高，地面基本平坦、园田化水平较高，高水平梯田，缓坡梯田、熟化程度5年以上，新修梯田，坡耕地6种类型。

二、评价方法及流程

耕地地力评价

1. 技术方法

（1）文字评述法：对一些概念性的评价因子（如地形部位、土壤母质、质地构型、质地、梯田化水平、盐渍化程度等）进行定性描述。

（2）专家经验法（德尔菲法）：在全省农科教系统邀请土肥界具有一定学术水平和农业生产实践经验的25名专家，参与评价因素的筛选和隶属度确定（包括概念型和数值型评价因子的评分），见表2-1。

表2-1　古县耕地地力评价因子

因　子	平均值	众数值	建议值
地形部位（A_1）	1.0	1（23）	1
成土母质（A_2）	3.4	3（13）4（11）	3
地面坡度（A_3）	2.3	3（6）2（17）	2
耕层厚度（A_4）	2.6	3（13）2（10）	2
耕层质地（A_5）	2.8	1（13）5（11）	1
有机质（A_6）	2.6	2（8）3（15）	3
pH（A_7）	4.5	3（10）6（10）	5
有效磷（A_8）	1.0	1（23）	3
速效钾（A_9）	3.6	3（8）4（12）	4
园（梯）田化水平（A_{10}）	1.5	2（10）1（10）	1

（3）模糊综合评判法：应用这种数理统计的方法对数值型评价因子（如耕层厚度、有机质、有效磷、速效钾、酸碱度等）进行定量描述，即利用专家给出的评分（隶属度）建

立某一评价因子的隶属函数，见表 2-2。

表 2-2　古县耕地地力评价数值型因子分级及其隶属度

评价因子	量纲	1 级	2 级	3 级	4 级	5 级	6 级
		量值	量值	量值	量值	量值	量值
耕层厚度	厘米	>30	26～30	21～25	16－20	11～15	≤10
有机质	克/千克	>25.0	20.01～25.00	15.01～20.00	10.01～15.00	5.01～10.00	≤5.00
pH		6.7～7.0	7.1～7.9	8.0～8.5	8.6～9.0	9.1～9.5	≥9.5
有效磷	毫克/千克	>25.0	20.1～25.0	15.1～20.0	10.1～15.0	5.1～10.0	≤5.0
速效钾	毫克/千克	>200	151～200	101～150	81～100	51～80	≤50

（4）层次分析法：用于计算各参评因子的组合权重。本次评价把耕地生产性能（即耕地地力）作为目标层（G 层），把影响耕地生产性能的立地条件、土体构型、较稳定的物理性状、易变化的化学性状、农田基础设施条件作为准则层（C 层），再把影响准则层中的各因素的项目作为指标层（A 层），建立耕地地力评价层次结构图。在此基础上，由 25 名专家分别对不同层次内各参评因素的重要性做出判断，构造出不同层次间的判断矩阵。最后计算出各评价因子的组合权重。

（5）指数和法：采用加权法计算耕地地力综合指数，即将各评价因子的组合权重与相应的因素等级分值（即由专家经验法或模糊综合评判法求得的隶属度）相乘后累加，如：

$$IFI = \sum B_i \times A_i (i = 1,2,3,\cdots,15)$$

式中：IFI——耕地地力综合指数；

B_i——第 i 个评价因子的等级分值；

A_i——第 i 个评价因子的组合权重。

2. 技术流程

（1）应用叠加法确定评价单元：把基本农田保护区规划图与土地利用现状图、土壤图叠加形成的图斑作为评价单元。

（2）空间数据与属性数据的连接：用评价单元图分别与各个专题图叠加，为每一评价单元获取相应的属性数据。根据调查结果，提取属性数据进行补充。

（3）确定评价指标：根据全国耕地地力调查评价指数表，由山西省土壤肥料工作站组织 25 名专家，采用德尔菲法和模糊综合评判法确定古县耕地地力评价因子及其隶属度。

（4）应用层次分析法确定各评价因子的组合权重。

（5）数据标准化：计算各评价因子的隶属函数，对各评价因子的隶属度数值进行标准化。

（6）应用累加法计算每个评价单元的耕地地力综合指数。

（7）划分地力等级：分析综合地力指数分布，确定耕地地力综合指数的分级方案，划分地力等级。

（8）归入农业部地力等级体系：选择 10%的评价单元，调查近 3 年粮食单产（或用基础地理信息系统中已有资料），与以粮食作物产量为引导确定的耕地基础地力等级进行相关分析，找出两者之间的对应关系，将评价的地力等级归入农业部确定的等级体系（NY/T 309—1996 全国耕地类型区、耕地地力等级划分）。

（9）采用 GIS、GPS 系统编绘各种养分图和地力等级图等图件。

三、评价标准体系建立

耕地地力评价标准体系建立

1. 耕地地力要素的层次结构　见图 2-2。

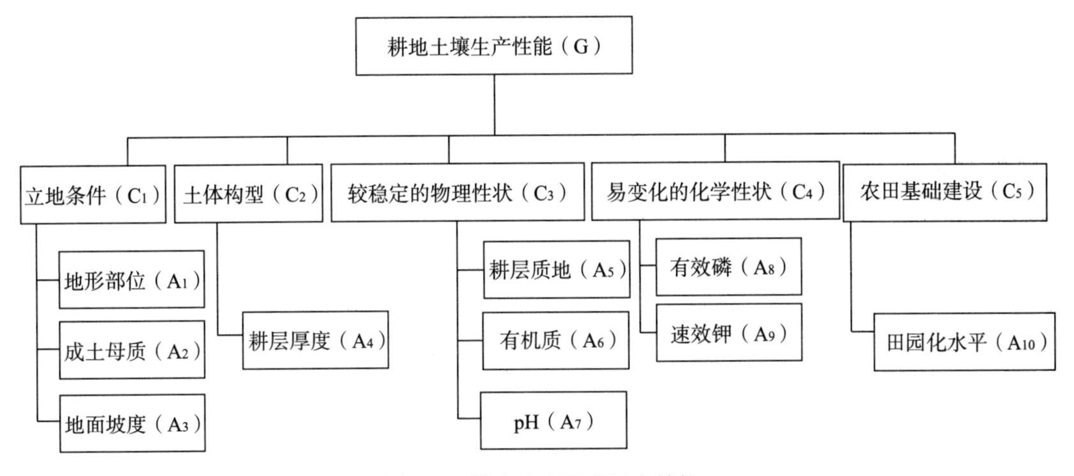

图 2-2　耕地地力要素层次结构

2. 耕地地力要素的隶属度

（1）概念性评价因子：各评价因子的隶属度及其描述见表 2-3。

表 2-3　古县耕地地力评价概念性因子隶属度及其描述

<table>
<tr><td rowspan="2">地形部位</td><td>描述</td><td>河漫滩</td><td>一级阶地</td><td>二级阶地</td><td>高阶地</td><td>垣地</td><td colspan="3">洪积扇（上、中、下）</td><td>倾斜平原</td><td>梁地</td><td>峁地</td><td>坡麓</td><td>沟谷</td></tr>
<tr><td>隶属度</td><td>0.7</td><td>1.0</td><td>0.9</td><td>0.7</td><td>0.4</td><td>0.4</td><td>0.6</td><td>0.8</td><td>0.8</td><td>0.2</td><td>0.2</td><td>0.1</td><td>0.6</td></tr>
<tr><td rowspan="2">母质类型</td><td>描述</td><td colspan="2">黄土状母质</td><td colspan="2">黄土母质</td><td colspan="2">残积物</td><td colspan="2">洪积物</td><td colspan="2">冲积物</td><td colspan="3">沟淤物</td></tr>
<tr><td>隶属度</td><td colspan="2">0.7</td><td colspan="2">0.9</td><td colspan="2">1.0</td><td colspan="2">0.2</td><td colspan="2">0.3</td><td colspan="3">0.5</td></tr>
<tr><td rowspan="2">耕层质地</td><td>描述</td><td colspan="2">沙土</td><td colspan="2">沙壤</td><td colspan="2">轻壤</td><td colspan="2">中壤</td><td colspan="2">重壤</td><td colspan="3">黏土</td></tr>
<tr><td>隶属度</td><td colspan="2">0.2</td><td colspan="2">0.6</td><td colspan="2">0.8</td><td colspan="2">1.0</td><td colspan="2">0.8</td><td colspan="3">0.4</td></tr>
<tr><td rowspan="2">灌溉保证率</td><td>描述</td><td colspan="2">地面平坦
园田化水平高</td><td colspan="2">地面基本平坦
园田化水平较高</td><td colspan="2">高水平
梯田</td><td colspan="2">缓坡梯田
熟化程度
5 年以上</td><td colspan="2">新修梯田</td><td colspan="3">坡耕地</td></tr>
<tr><td>隶属度</td><td colspan="2">1.0</td><td colspan="2">0.8</td><td colspan="2">0.6</td><td colspan="2">0.4</td><td colspan="2">0.2</td><td colspan="3">0.1</td></tr>
</table>

（2）数值型评价因子：各评价因子的隶属函数（经验公式）见表 2-4。

表 2-4　古县耕地地力评价数值型因子隶属函数

函数类型	评价因子	经验公式	C	U_t
戒上型	耕层厚度（厘米）	$y=1/[1+4.057\times10^{-3}\times(u-c)^2]$	33.8	≤10
戒上型	有机质（克/千克）	$y=1/[1+2.912\times10^{-3}\times(u-c)^2]$	28.4	≤5.00
戒下型	pH	$y=1/[1+0.5156\times(u-c)^2]$	7.00	≥9.50
戒上型	有效磷（毫克/千克）	$y=1/[1+3.035\times10^{-3}\times(u-c)^2]$	28.8	≤5.00
戒上型	速效钾（毫克/千克）	$y=1/[1+5.389\times10^{-5}\times(u-c)^2]$	228.76	≤50

3. 耕地地力要素的组合权重　应用层次分析法所计算的各评价因子的组合权重见表2-5。

表 2-5　古县耕地地力评价因子层次分析结果

指标层		准则层					组合权重
		C_1	C_2	C_3	C_4	C_5	$\sum C_iA_i$
		0.423 9	0.071 4	0.129 0	0.123 4	0.252 3	1.000 0
A_1	地形部位	0.572 8					0.242 8
A_2	成土母质	0.167 5					0.071 1
A_3	地面坡度	0.259 7					0.110 1
A_4	耕层厚度		1.000 0				0.071 4
A_5	耕层质地			0.468 0			0.060 4
A_6	有机质			0.272 3			0.035 1
A_7	pH			0.259 7			0.033 5
A_8	有效磷				0.698 1		0.086 1
A_9	速效钾				0.301 9		0.037 2
A_{10}	园田化水平					1.000 0	0.252 3

第六节　耕地资源信息管理系统建立

一、耕地资源信息管理系统的总体设计

总体目标

耕地资源信息管理系统以一个县行政区域内的耕地资源为管理对象，应用 GIS 技术对辖区内的地形、地貌、土壤、土地利用、农田水利、农业生产基本情况、基本农田保护区等资料进行统一管理，构建耕地资源基础信息系统，并将此数据平台与各类管理模型结合，对辖区内的耕地资源进行系统的动态管理，为农业决策者、农民和农业技术人员提供耕地质量动态变化、土壤适宜性、施肥咨询、作物营养诊断等多方位的信息服务。

本系统行政单元为村，农田单元为耕地地块，土壤单元为土种，系统基本管理单元为

土壤、基本农田保护块、土地利用现状图叠加所形成的评价单元。

1. 系统结构　见图 2-3。

2. 区域耕地资源信息管理系统建立工作流程　见图 2-4。

3. CLRMIS 软、硬件配置

（1）硬件：P5 及其兼容机，≥2G 的内存，≥250G 的硬盘，≥512M 显存，A4 扫描仪，彩色喷墨打印机。

（2）软件：Windows XP，Excel 2003 等。

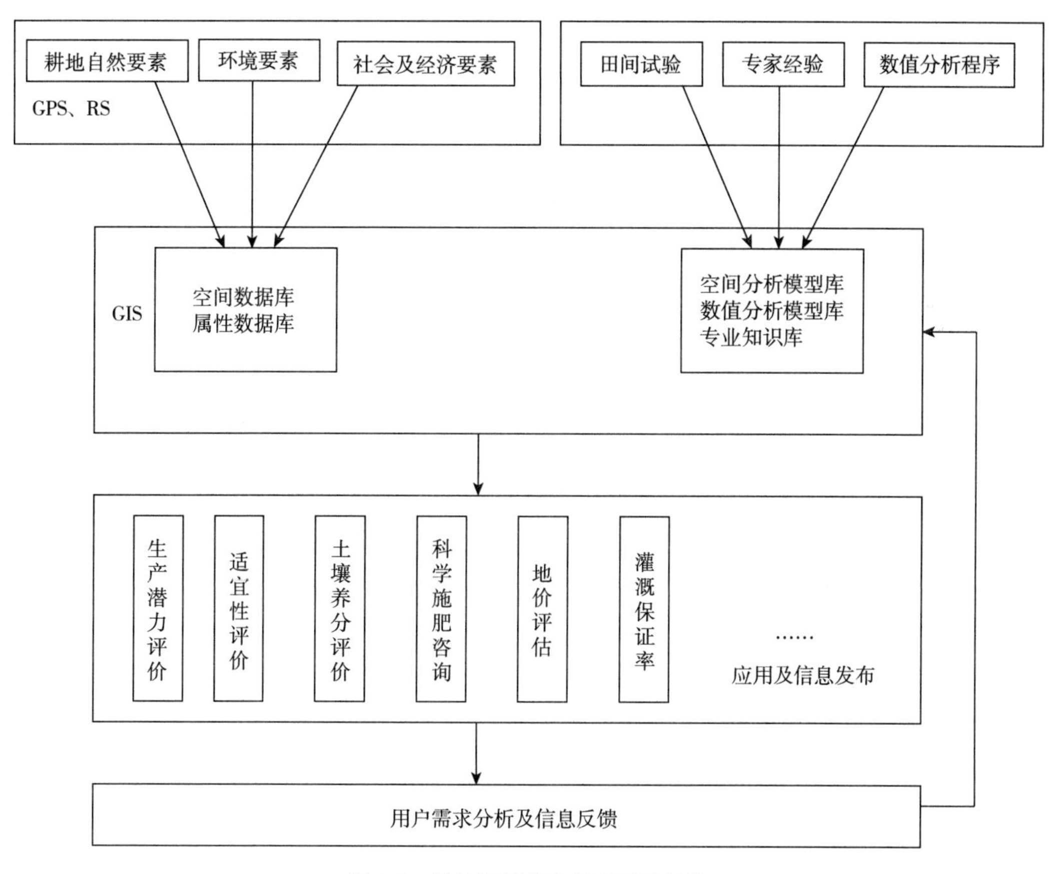

图 2-3　耕地资源信息管理系统结构

二、资料收集与整理

（一）图件资料收集与整理

图件资料指印刷的各类地图、专题图以及商品数字化矢量和栅格图。图件比例尺为 1∶50 000 和 1∶10 000。

（1）地形图：统一采用中国人民解放军总参谋部测绘局测绘的地形图。由于近年来公路、水系、地形地貌等变化较大，因此采用水利、公路、规划、国土等部门的有关最新图件资料对地形图进行修正。

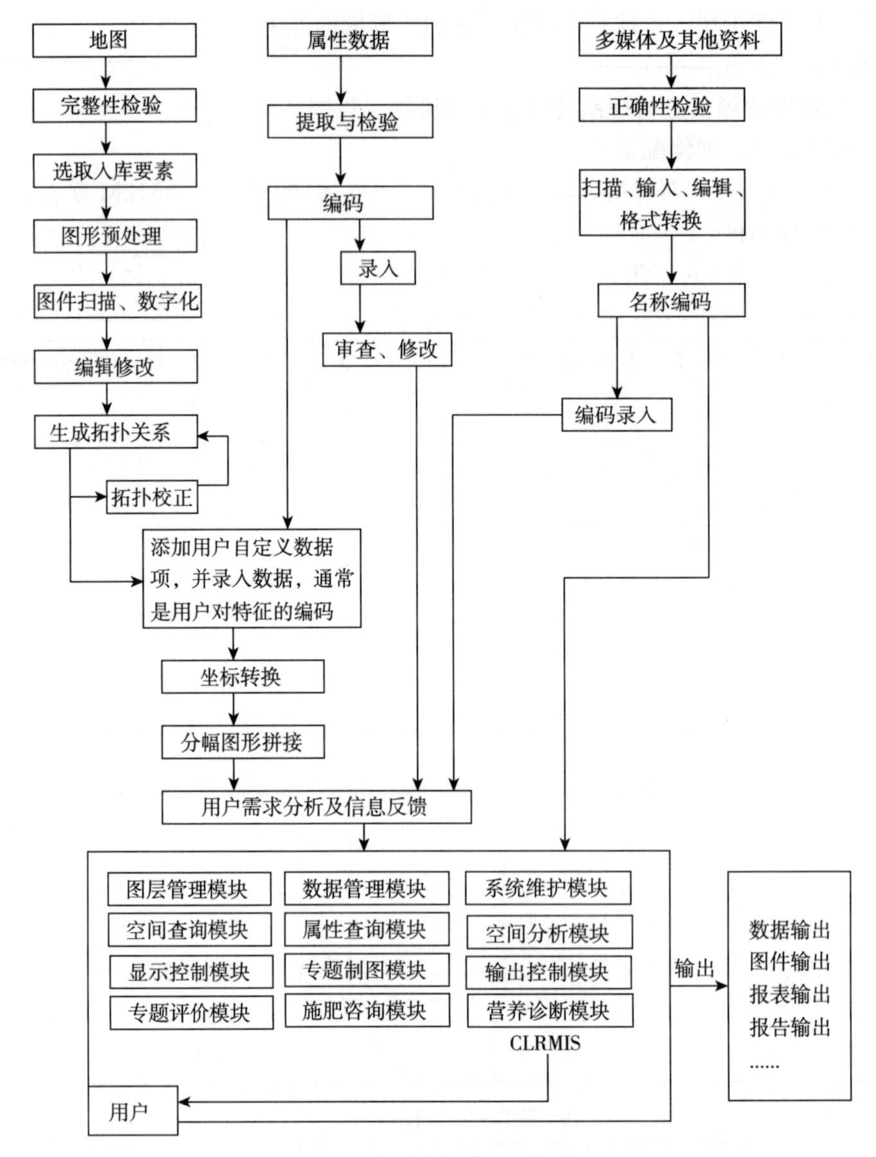

图 2-4　县域耕地资源信息管理系统建立工作流程

（2）行政区划图：由于近年撤乡并镇等工作致使部分地区行政区划变化较大，因此按最新行政区划进行修正，同时注意名称、拼音、编码等的一致。

（3）土壤图及土壤养分图：采用第二次土壤普查成果图。

（4）地貌类型分区图：根据地貌类型将辖区内农田分区，采用第二次土壤普查分类系统绘制成图。

（5）土地利用现状图：现有的土地利用现状图（第二次土地调查数据库）。

（6）主要污染源点位图：调查本地可能对水体、大气、土壤形成污染的矿区和工厂等，并确定污染类型及污染强度，在地形图上准确标明位置及编号。

（7）主要污染源点位图：调查本地可能对水体、大气、土壤形成污染的矿区和工厂等，并确定污染类型及污染强度，在地形图上准确标明位置及编号。

（8）土壤肥力监测点点位图：在地形图上标明准确位置及编号。

（9）土壤普查土壤采样点点位图：在地形图上标明准确位置及编号。

（二）数据资料收集与整理

（1）基本农田保护区一级、二级地块登记表，国土局基本农田划定资料。

（2）其他有关基本农田保护区划定统计资料，国土局基本农田划定资料。

（3）近几年粮食单产、总产、种植面积统计资料（以村为单位）。

（4）其他农村及农业生产基本情况资料。

（5）历年土壤肥力监测点田间记载及化验结果资料。

（6）历年肥情点资料。

（7）县、乡、村名编码表。

（8）近几年土壤、植株化验资料（土壤普查、肥力普查等）。

（9）近几年主要粮食作物、主要品种产量构成资料。

（10）各乡历年化肥销售、使用情况。

（11）土壤志、土种志。

（12）特色农产品分布、数量资料。

（13）主要污染源调查情况统计表（地点、污染类型、方式、强度等）。

（14）当地农作物品种及特性资料，包括各个品种的全生育期，大田生产潜力，最佳播期、移栽期，播种量，栽插密度，百千克籽粒需氮量、需磷量、需钾量等，及品种特性介绍。

（15）一元、二元、三元肥料肥效试验资料，计算不同地区、不同土壤、不同作物品种的肥料效应函数。

（16）不同土壤、不同作物基础地力产量占常规产量比例资料。

（三）文本资料收集与整理

（1）全县及各乡（镇）基本情况描述。

（2）各土种性状描述，包括其发生、发育、分布、生产性能、障碍因素等。

（四）多媒体资料收集与整理

（1）土壤典型剖面照片。

（2）土壤肥力监测点景观照片。

（3）当地典型景观照片。

（4）特色农产品介绍（文字、图片）。

（5）地方介绍资料（图片、录像、文字、音乐）。

三、属性数据库建立

（一）属性数据内容

CLRMIS 主要属性资料及其来源见表 2-6。

（二）属性数据分类与编码

数据的分类编码是对数据资料进行有效管理的重要依据。编码的主要目的是节省计算机内存空间，便于用户理解使用。地理属性进入数据库之前进行编码是必要的，只有进行了正确的编码，空间数据库与属性数据库才能实现正确连接。编码格式有英文字母与数字组合。本系统主要采用数字表示的层次型分类编码体系，它能反映专题要素分类体系的基本特征。

（三）建立编码字典

数据字典是数据库应用设计的重要内容，是描述数据库中各类数据及其组合的数据集合，也称元数据。地理数据库的数据字典主要用于描述属性数据，它本身是一个特殊用途的文件，在数据库整个生命周期里都起着重要的作用。它避免重复数据项的出现，并提供了查询数据的唯一入口。

表 2-6　CLRMIS 主要属性资料及其来源

编号	名　　称	来　　源
1	湖泊、面状河流属性表	水利局
2	堤坝、渠道、线状河流属性数据	水利局
3	交通道路属性数据	交通局
4	行政界线属性数据	农业局
5	耕地及蔬菜地灌溉水、回水分析结果数据	农业局
6	土地利用现状属性数据	国土局、卫星图片解译
7	土壤、植株样品分析化验结果数据表	本次调查资料
8	土壤名称编码表	土壤普查资料
9	土种属性数据表	土壤普查资料
10	基本农田保护块属性数据表	国土局
11	基本农田保护区基本情况数据表	国土局
12	地貌、气候属性表	土壤普查资料
13	县乡村名编码表	农业局

（四）数据库结构设计

属性数据库的建立与录入可独立于空间数据库和 GIS 系统，可以在 Access、dBase、Foxbase 和 Foxpro 下建立，最终统一以 dBase 的 dbf 格式保存入库。下面以 dBase 的 dbf 数据库为例进行描述。

1. 湖泊、面状河流属性数据库 lake. dbf

字段名	属　性	数据类型	宽　度	小数位	量　纲
lacode	水系代码	N	4	0	代　码
laname	水系名称	C	20		
lacontent	湖泊贮水量	N	8	0	万立方米
laflux	河流流量	N	6		立方米/秒

2. 堤坝、渠道、线状河流属性数据 stream. dbf

字段名	属　性	数据类型	宽　度	小数位	量　纲
ricode	水系代码	N	4	0	代　码
riname	水系名称	C	20		
riflux	河流、渠道流量	N	6		立方米/秒

3. 交通道路属性数据库 traffic. dbf

字段名	属　性	数据类型	宽　度	小数位	量　纲
rocode	道路编码	N	4	0	代　码
roname	道路名称	C	20		
rograde	道路等级	C	1		
rotype	道路类型	C	1		（黑色/水泥/石子/土地）

4. 行政界线（省、市、县、乡、村）属性数据库 boundary. dbf

字段名	属　性	数据类型	宽　度	小数位	量　纲
adcode	界线编码	N	1	0	代　码
adname	界线名称	C	4		

adcode	name
1	国界
2	省界
3	市界
4	县界
5	乡界
6	村界

5. 土地利用现状属性数据库* landuse. dbf

字段名	属　性	数据类型	宽　度	小数位	量　纲
lucode	利用方式编码	N	2	0	代　码
luname	利用方式名称	C	10		

* 土地利用现状分类表。

6. 土种属性数据表* soil. dbf

字段名	属　性	数据类型	宽　度	小数位	量　纲
sgcode	土种代码	N	4	0	代　码
stname	土类名称	C	10		
ssname	亚类名称	C	20		
skname	土属名称	C	20		
sgname	土种名称	C	20		
pamaterial	成土母质	C	50		

* 土壤系统分类表。

字段名	属　性	数据类型	宽　度	小数位	量　纲
profile	剖面构型	C	50		

土种典型剖面有关属性数据：

字段名	属　性	数据类型	宽　度	小数位	量　纲
text	剖面照片文件名	C	40		
picture	图片文件名	C	50		
html	HTML 文件名	C	50		
video	录像文件名	C	40		

7. 土壤养分（pH、有机质、氮等）**属性数据库 nutr****. dbf**

本部分由一系列的数据库组成，视实际情况不同有所差异，如在盐碱土地区还包括盐分含量及离子组成等。

（1）pH 库 nutrph. dbf：

字段名	属　性	数据类型	宽　度	小数位	量　纲
code	分级编码	N	4	0	代　码
number	pH	N	4	1	

（2）有机质库 nutrom. dbf：

字段名	属　性	数据类型	宽　度	小数位	量　纲
code	分级编码	N	4	0	代　码
number	有机质含量	N	5	2	百分含量

（3）全氮量库 nutrN. dbf：

字段名	属　性	数据类型	宽　度	小数位	量　纲
code	分级编码	N	4	0	代　码
number	全氮含量	N	5	3	百分含量

（4）速效养分库 nutrP. dbf：

字段名	属　性	数据类型	宽　度	小数位	量　纲
code	分级编码	N	4	0	代　码
number	速效养分含量	N	5	3	毫克/千克

8. 基本农田保护块属性数据库 farmland. dbf

字段名	属　性	数据类型	宽　度	小数位	量　纲
plcode	保护块编码	N	7	0	代　码
plarea	保护块面积	N	4	0	亩
cuarea	其中耕地面积	N	6		
eastto	东至	C	20		
westto	西至	C	20		
sorthto	南至	C	20		
northto	北至	C	20		
plperson	保护责任人	C	6		
plgrad	保护级别	N	1		

9. 地貌*、气候属性表 landform. dbf

字段名	属　性	数据类型	宽　度	小数位	量　纲
landcode	地貌类型编码	N	2	0	代　码
landname	地貌类型名称	C	10		
rain	降水量	C	6		

* 地貌类型编码表。

10. 基本农田保护区基本情况数据表　（略）

11. 县、乡、村名编码表

字段名	属　性	数据类型	宽　度	小数位	量　纲
vicodec	单位编码—县内	N	5	0	代　码
vicoden	单位编码—统一	N	11		
viname	单位名称	C	20		
vinamee	名称拼音	C	30		

（五）数据录入与审核

数据录入前仔细审核，数值型资料注意量纲、上下限，地名应注意汉字多音字、繁简体、简全称等问题，审核定稿后再录入。录入后仔细检查，保证数据录入无误后，将数据库转为规定的格式（dBase 的 dbf 文件格式文件），再根据数据字典中的文件名编码命名后保存在规定的子目录下。

文字资料以 TXT 格式命名保存，声音、音乐以 WAV 或 MID 文件保存，超文本以 HTML 格式保存，图片以 BMP 或 JPG 格式保存，视频以 AVI 或 MPG 格式保存，动画以 GIF 格式保存。这些文件分别保存在相应的子目录下，其相对路径和文件名录入相应的属性数据库中。

四、空间数据库建立

（一）数据采集的工艺流程

在耕地资源数据库建设中，数据采集的精度直接关系到现状数据库本身的精度和今后的应用，数据采集的工艺流程是关系到耕地资源信息管理系统数据库质量的重要基础工作。因此对数据的采集制订了一个详尽的工艺流程。首先，对收集的资料进行分类检查、整理与预处理。其次，按照图件资料介质的类型进行扫描，并对扫描图件进行扫描校正。再次，进行数据的分层矢量化采集、矢量化数据的检查。最后，对矢量化数据进行坐标投影转换与数据拼接工作以及数据、图形的综合检查和数据的分层与格式转换。

具体数据采集的工艺流程见图 2-5。

（二）图件数字化

1. 图件的扫描　由于所收集的图件资料为纸介质的图件资料，所以采用灰度法进行扫描。扫描的精度为 300dpi。扫描完成后将文件保存为 *. TIF 格式。在扫描过程中，为了保证扫描图件的清晰度和精度，对图件先进行预扫描。在预扫描过程中，检查扫描图件的清晰度，其清晰度必须能够区分图内的各要素。然后利用 Lontex Fss8300 扫描仪自带

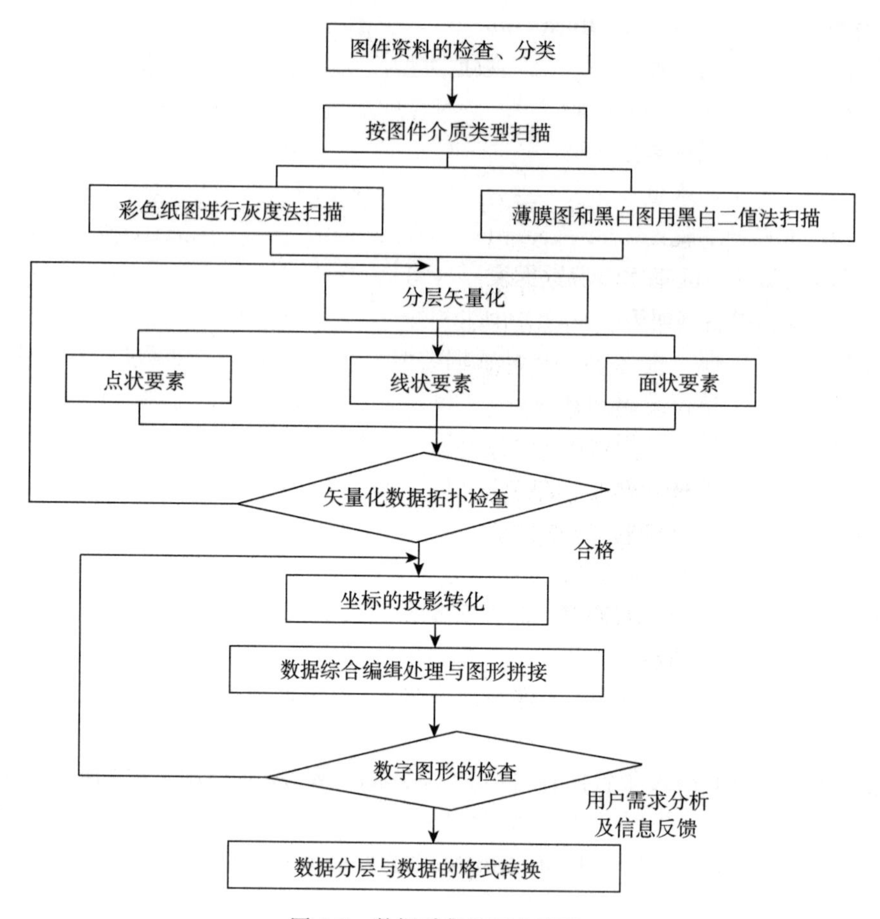

图 2-5 数据采集的工艺流程

的 CAD image/scan 扫描软件进行角度校正，角度校正后必须保证图幅下方两个内图廓点的连线与水平线的角度误差小于 0.2°。

2. 数据采集与分层矢量化 对图形的数字化采用交互式矢量化方法，确保图形矢量化的精度。在耕地资源信息管理系统数据库建设中需要采集的要素有：点状要素、线状要素和面状要素。由于所采集的数据种类较多，所以必须对所采集的数据按不同类型进行分层采集。

（1）点状要素的采集：可以分为两种类型，一种是零星地类，另一种是注记点。零星地类包括一些有点位的点状零星地类和无点位的零星地类。对于有点位的零星地类，在数据的分层矢量化采集时，将点标记置于点状要素的几何中心点；对于无点位的零星地类在分层矢量化采集时，将点标记置于原始图件的定位点。农化点位、污染源点位等注记点的采集按照原始图件资料中的注记点，在矢量化过程中一一标注相应的位置。

（2）线状要素的采集：在耕地资源图件资料上的线状要素主要有带有宽度的线状地物界、地类界、行政界线、权属界线、土种界、等高线等，对于不同类型的线状要素，进行分层采集。线状地物主要是指道路、水系、沟渠等，有些线状地物在进行数据采集时考虑到由于其宽度较宽，如一些较大的河流、沟渠，它们在地图上可以按照图件资料的宽度比例表示；有些线状地物，如一些道路和水系，由于其宽度不能在图上表示，在采集其数据时，则按栅格图上的线状地物的中轴线来确定其在图上的实际位置。对地类界、行政界、土种界和等高线数据的采集，保证其封闭性和连续性。线状要素按照其种类不同分层采集、分层保存，以备数据分析时进行利用。

（3）面状要素的采集：面状要素要在线状要素采集后，通过建立拓扑关系形成区后进行，由于面状要素是由行政界线、权属界线、地类界线和一些带有宽度的线状地物界等结状要素所形成的一系列的闭合性区域，其主要包括行政区、权属区、土壤类型区等图斑。所以对于不同的面状要素，应采用不同的图层对其进行数据采集。考虑到实际情况，将面状要素分为行政区层、地类层、土壤层等图斑层。将分层采集的数据分层保存。

（三）矢量化数据的拓扑检查

由于在矢量化过程中不可避免地要存在一些问题，因此，在完成图形数据的分层矢量化以后，要进行下一步工作前，必须对分层矢量化的数据进行拓扑检查。拓扑检查主要完成以下几方面的工作。

1. 消除在矢量化过程中存在的一些悬挂线段　在线状要素的采集过程中，为了保证线段完全闭合，某些线段可能出现相互交叉的情况，这些均属于悬挂线段。在进行悬挂线段的检查时，首先使用 MapGIS 的线文件拓扑检查功能，自动对其检查和清除，如果不能自动清除的，则对照原始图件资料进行手工修正。对线状要素进行拓扑检查完成以后，随即由作图员对所矢量化的数据与原始图件资料相对比进行检查。如果在检查过程中发现有一些通过拓扑检查所不能解决的问题，或矢量化数据的精度不符合要求的，或者是某些线状要素存在着一定的位移而难以校正的，则对其中的线状要素进行重新矢量化。

2. 检查图斑和行政区等面状要素的闭合性　图斑和行政区是反映一个地区耕地资源状况的重要属性，在对图件资料中的面状要素进行数据的分层矢量化采集中，由于图件资料所涉及的图斑较多，有可能存在着一些图斑或行政界的不闭合情况，可以利用 MapGIS 的区文件拓扑检查功能，对数据采集过程中所保存的一系列区文件进行矢量化数据的拓扑检查。拓扑检查可以消除大多数区文件的不闭合情况。对于不能够自动消除的，通过与原始图件资料的相互检查，进一步消除其不闭合情况。如果通过区文件的拓扑检查，可以消除矢量化过程中所出现的上述问题，则进行下一步工作，如果拓扑检查以后还存在一些问题，则对其进行重新矢量化，以确保系统建设的精度。

（四）坐标的投影转换与图件拼接

1. 坐标转换　在进行图件的分层矢量化采集过程中，所建立的是图面坐标系（单位为毫米），而在实际应用中，则要求建立平面直角坐标系（单位为米）。因此，必须利用 MapGIS 所提供的坐标转换功能，将图面坐标转换成为正投影的大地直角坐标系。在坐标转换过程中，为了保证数据的精度，可根据提供数据源的图件精度的不同，采用不同的质量控制方法进行坐标转换工作。

2. 投影转换　区级土地利用现状数据库的数据投影方式采用高斯投影，也就是将进行坐标转换以后的图形资料，按照大地坐标系的经纬度坐标进行转换，以便以后进行图件拼接。在进行投影转换时，对 1∶10 000 土地利用图件资料，投影的分带宽度为 3°。但是根据地形的复杂程度、行政区的跨度和图幅的具体情况，对于部分图形采用非标准的 3°

分带高斯投影。

3. 图件拼接 古县提供的1∶10 000土地利用现状图是采用标准分幅图，在系统建设过程中应把图幅进行拼接。在图斑拼接检查过程中，相邻图幅间的同名要素误差应小于1毫米，这时移动其任何一个要素进行拼接，同名要素间距在1～3毫米的处理方法是将两个要素各自移动一半，在中间部分结合，这样图幅拼接就完全满足了精度要求。

五、空间数据库与属性数据库的连接

MapGIS系统采用不同的数据模型分别对属性数据和空间数据进行存储管理，属性数据采用关系模型、空间数据采用网状模型。两种数据的连接非常重要。在一个图幅工作单元Coverage中，每个图形单元由一个标识码来唯一确定。同时一个Coverage中可以若干个关系数据库文件即要素属性表，用以完成对Coverage的地理要素的属性描述。图形单元标识码是要素属性表中的一个关键字段，空间数据与属性数据以此字段形成关联，完成对地图的模拟。这种关联使MapGIS的两种模型连成一体，可以方便地从空间数据检索属性数据或者从属性数据检索空间数据。

对属性与空间数据的连接采用的方法是：在图件矢量化过程中，标记多边形标识点，建立多边形编码表，并运用MapGIS将用Foxpro建立的属性数据库自动连接到图形单元中，这种方法可由多人同时进行工作，速度较快。

第三章　耕地土壤属性

第一节　耕地土壤类型

一、土壤类型及分布

根据全国第二次土壤普查、1983 年山西省第二次土壤普查土壤工作分类系统，古县土壤共分 3 大土类、7 个亚类、27 个土属、41 个土种。对照 1986 年全省汇总资料，确定古县土壤分为 5 大土类、8 个亚类、16 个土属、24 个土种。其分布受地形、地貌、水文、地质条件影响，随地形呈明显变化。具体分布见表 3-1，省级与县级土种名称对照见表 3-2。

表 3-1　古县土壤分布状况

土类	面积（亩）	亚类面积（亩）	分　布
棕壤	55 934.7	山地棕壤 55 934.7	分布在海拔 1 800 米以上的山地区，以霍山主峰老爷顶为中心，向北、向东伸延
褐土	1 246 673.0	淋溶褐土 139 305.9	分布在海拔 1 400～1 800 米的山区
		石灰性褐土 59 120.9	发育在面积较大的黄土残垣面上和河流阶地上
		褐土性土 1 048 246.2	发育在黄土丘陵区的垣、梁、峁、坡、沟等地形部位上，是古县分布面积最大的一类土壤
红黏土	57 350.7	红黏土 57 350.7	主要分布在土石山区，海拔 1 000～1 400 米，通常在山地淋溶褐土之下，有时与山地淋溶褐土呈复域分布
粗骨土	398 269.8	中性粗骨土 166 211.3	主要分布在四次山和涧河两岸的荒坡上
		钙质粗骨土 232 058.5	分布在北平镇、古阳镇、岳阳镇等，位于石灰岩质山地淋溶褐土之下
潮土	11 859.6	潮土 11 859.6	位于涧河两岸的高河漫滩和一级阶地上
合计	1 770 087.8		

表 3-2　古县省级与县级土种名称对照

县级土种名称	代号	省级土种名称	代号	省级土属名称	代号	省亚类	代号	省土类	代号
中层花岗片麻岩质山地棕壤	1	麻沙质林土	001	麻沙质棕壤	A・a・1	棕壤	A・a	棕壤	A
中层石灰岩质山地棕壤	2	灰泥质林土	005	灰泥质棕壤	A・a・4				
轻壤厚层耕种黄土质山地褐土	14	深黏垣黄垆土	026	黄土质石灰性褐土	B・b・1	石灰性褐土	B・b	褐土	B
轻壤浅位厚层黏化耕种黄土质碳酸盐褐土	37	浅黏垣黄垆土	027						
轻壤耕种灌淤碳酸盐褐土	38	深黏淤黄垆土	044	灌淤石灰性褐土	B・b・6				
中壤耕种灌淤碳酸盐褐土	39								
薄层花岗片麻岩质山地淋溶褐土	3	薄麻沙质淋土	046	麻沙质淋溶褐土	B・c・1	淋溶褐土	B・c		
中层花岗片麻岩质山地淋溶褐土	4	麻沙质淋土	047						
薄层砂页岩山地淋溶褐土	7	薄沙泥质淋土	055	沙泥质淋溶褐土	B・c・5				
轻壤耕种洪积山地淋溶褐土	8	耕洪淋土	066	洪积淋溶褐土	B・c・9				
中壤耕种洪积山地淋溶褐土	9								
重壤中层多砾耕种铝土页岩质山地褐土	12	耕沙泥质立黄土	076	沙泥质褐土性土	B・e・2	褐土性土	B・e		
轻度侵蚀厚层黄土质山地褐土	13	立黄土	085	黄土质褐土性土	B・e・4				
轻壤耕种黄土质褐土性土	23	耕立黄土	089						
轻壤浅位中黑垆土层耕种黄土质褐土性土	24								
轻度侵蚀轻壤黄土质褐土性土	21	垣坡立黄土	090						
中度侵蚀轻壤黄土质褐土性土	22								
中度侵蚀轻壤红黄土质褐土性土	25	红立黄土	102	红黄土质褐土性土	B・e・5				
中度侵蚀中壤夹料姜红黄土质褐土性土	26								
重度侵蚀中壤红黄土质褐土性土	27								

（续）

县级土种名称	代号	省级土种名称	代号	省级土属名称	代号	省亚类	代号	省土类	代号
轻壤厚层耕种红黄土质山地褐土	15	耕红立黄土	103	红黄土质褐土性土	B·e·5	褐土性土	B·e	褐土	B
轻壤耕种红黄土质褐土性土	28								
中壤少料姜耕种红黄土质褐土性土	29								
沙壤耕种洪积褐土性土	32	耕洪立黄土	112	洪积褐土性土	B·e·7				
轻壤耕种洪积褐土性土	33								
轻壤深位中沙砾层耕种洪积褐土性土	34	底砾洪立黄土	115						
轻壤耕种沟淤山地褐土	18	沟淤土	124	沟淤褐土性土	B·e·8				
中壤耕种沟淤山地褐土	19								
轻壤耕种沟淤褐土性土	35								
中壤耕种沟淤褐土性土	36								
轻度侵蚀厚层红土质山地褐土	16	大瓣红土	213	红黏土	F·a·1	红黏土	F·a	红黏土	F
中度侵蚀重壤红土质褐土性土	30								
中壤厚层耕种红土质山地褐土	17	耕大瓣红土	214						
重壤耕种红土质褐土性土	31								
中度侵蚀薄层砂页岩质山地褐土	11	薄沙渣土	237	沙泥质中性粗骨土	K·a·4	中性粗骨土	K·a	粗骨土	K
薄层砂页岩质粗骨性褐土	20								
薄层石灰岩质山地淋溶褐土	5	薄灰渣土	241	钙质粗骨土	K·b·1	钙质粗骨土	K·b		
轻度侵蚀薄层石灰岩质山地褐土	10								
中层石灰岩质山地淋溶褐土	6	灰渣土	242						
轻壤耕种浅色草甸土	40	耕洪潮土	269	洪冲积潮土	N·a·2	潮土	N·a	潮土	N
轻壤底沙砾耕种浅色草甸土	41								

注：1. 表中分类是按 1985 年分类系统分类。

2. 土壤类型特征中的分类是按照 1983 年标准分类，土类、亚类、土属、土种后面括号中即是 1985 年标准分类（详见表 3-2）。

3. 本部分除注明数据为此次调查测定外，其余数据文字内容均为第二次土壤普查的资料数据。

二、土壤类型特征及主要生产性能

(一) 棕壤(棕壤 A)

山地棕壤(山地棕壤 A·a) 分布在海拔 1 800 米以上的山地区，以霍山主峰老爷顶为中心，向北、向东伸延。

随着海拔高度的增加，气温降低、降水量增大、无霜期缩短，形成了特定的生物气候条件，夏季短、温和多雨，冬季长、气候湿冷。主要生长栎、桦、山杨、山杏、山榆、油松、落叶松、侧柏等乔木，灌木及地被植物有绣线菊、野刺玫、荷草及苔藓等，植被生长茂密，覆盖率在 90%以上。在乔灌木混交、草本植被茂密的条件下，木本植物残留下大量的枯枝落叶和凋谢的花果，累积在地面。草本植物则每年都有枯死根系残留于土壤内。由于气候上的温凉、湿润，在厌氧条件下，大量累积的动植物残体被微生物分解成简单的有机化合物和二氧化碳、硫化氢、氨基酸等。然后，在微生物的作用下，将分解而成的芳香族化合物和含氮化合物等合成(综合利用)腐殖酸。土壤的这种腐殖化过程在山地棕壤中表现得极为明显，另外在山地淋溶褐土和山地褐土中也有明显的表现。由于地表滞水，因而土体终年湿润，土壤淋溶过程比较强烈，盐基大部分被淋洗。根据成土母质不同，山地棕壤可分为 2 个土属。

(1) 花岗片麻岩质山地棕壤(麻沙质棕壤 A·a·1)：含中层花岗片麻岩质山地棕壤(麻沙质林土) 1 个土种。分布在大南坪林场、龙岩寺附近以及岳阳镇下冶村的十八盘等处。面积为 23 011.1 亩，占全县总土地面积的 1.30%，俗称“老山黑沙土”。

典型剖面 1—105，采自老牛沟林场龙岩寺下，距老牛沟林场场部 1 700 米，北偏东 55°，海拔 1 790 米，其剖面形态特征如下：

0～5 厘米：为半分解腐殖质层。

5～23 厘米：黑褐色，轻壤质，团粒结构，疏松，潮湿，多植物根系，多虫粪，有多量真菌丝体，无石灰反应。

23～37 厘米：黄褐色，轻偏沙，粒状，疏松，潮湿，多植物根系，多虫粪，无石灰反应。

37～46 厘米：为花岗片麻岩的半风化物。

46 厘米以下：为花岗片麻岩母岩。

理化性状分析结果见表 3-3。

表 3-3 花岗片麻岩质山地棕壤剖面 1—105 土壤理化性状

层次(厘米)	有机质(克/千克)	全氮(克/千克)	C/N	全磷(克/千克)	代换量(me/百克土)	$CaCO_3$(克/千克)	pH	机械组成(%)	
								<0.01(毫米)	<0.001(毫米)
5～23	51.3	2.08	14.3	0.25	16.4	0.1	6.9	24.0	6.5
23～57	25.5	1.02	14.0	0.12	10.3	0.6	7.1	22.4	8.9

(2) 石灰岩质山地棕壤(灰泥质棕壤 A·a·4)：含中层石灰岩质山地棕壤(灰泥质

林土）1个土种。分布于老爷顶的周围和北平镇的党家山、宽平等处。面积32 923.6亩，占总土地面积的1.86%，俗称“老山黏土”。

剖面2—63位于老爷顶阳坡，距电视塔北偏东80°的1 000米处，海拔2 080米，自然植被为羊胡子草、山杨、柏树等。典型剖面形态特征如下：

0～4厘米：为半分解腐殖质层。

4～13厘米：灰褐色，轻壤，团粒结构，疏松，润，多植物根系，土壤中夹有砾石，无石灰反应。

13～32厘米：棕褐色，中壤，团粒结构，稍紧，稍润，多植物根系，夹有砾石，无石灰反应。

32～41厘米：红棕色，中壤，碎块状结构，稍紧，湿润，植物根系中量，夹有砾石，无石灰反应。

41～59厘米：为风化层，石灰岩半风化物。

59厘米以下：为石灰岩母质。

理化性状见表3-4。

表3-4 石灰岩质山地棕壤剖面2—63土壤理化性状

层次（厘米）	有机质（克/千克）	全氮（克/千克）	C/N	全磷（克/千克）	代换量（me/百克土）	$CaCO_3$（克/千克）	pH	机械组成（%）	
								<0.01（毫米）	<0.001（毫米）
4～13	46.6	2.62	10.3	0.5	16.5	0.8	7.2	23.7	4.2
13～32	38.7	2.11	10.6	0.52	16.9	1.2	7.2	39.0	19.4
32～41	22.4	1.39	9.4	0.6	17.9	1.2	7.5	43.8	22.7

据2009—2011年土壤调查测定，中层石灰岩质山地棕壤的土壤测试平均值为：有机质28.64克/千克，全氮1.33克/千克，有效磷11.26毫克/千克，速效钾196.73毫克/千克，缓效钾899.95毫克/千克，pH为7.81，有效铜1.33毫克/千克，有效锌1.95毫克/千克，有效锰20.67毫克/千克，有效铁16.51毫克/千克，有效硼0.60毫克/千克，有效硫45.85毫克/千克。

综合上述，山地棕壤的特性归纳如下：

①有未分解、半分解的枯枝落叶层，呈棕褐色，其厚度常为3～5厘米。

②枯枝落叶层下是腐殖质层，呈灰黑色，团粒结构，疏松，厚度为15～30厘米，有机质含量高，一般可达4%～10%。

③由于土层较薄，淋溶层以下的淀积层常为过渡层和半风化物所代替。

④由于淋溶强烈，土壤中石灰含量甚微，一般在1‰以下，即使是石灰岩母质所发育的山地棕壤的上层土壤，石灰含量也小于1‰，通体无石灰反应。

山地棕壤所在地区为自然林区，应加强现有森林的管理工作，严禁乱砍滥伐和推光头更新，对砍伐过的地段，应注意加强扶育幼林的工作。

（二）褐土

分淋溶褐土、石灰性褐土、褐土性土3个亚类，分述如下。

1. 石灰性褐土　石灰性褐土是古县的地带性土壤。古县属暖温带大陆性季风气候，四季分明，冬季寒冷干燥、春季干旱多风、夏季气温高且雨量集中、秋季常有短时的连阴雨天气出现，冷暖季和干湿季十分明显，高温高湿同时出现。在这种气候条件影响下，上层土壤水热条件变化剧烈，但下层土壤水热状况较为适宜原生矿物的化学转化，上层黏粒也随水向下迁移，因而形成黏化层。土壤有一定的淋溶过程，上层的碳酸钙在心土和底土层中淀积，呈霜状或假菌丝状。

石灰性褐土发育在面积较大的黄土残垣面上和河流阶地上，几乎全被耕种。下有黄土质石灰性褐土和灌淤石灰性褐土2个土属。

(1) 黄土质石灰性褐土 B·b·1：分2个土种。

①轻壤浅位厚层黏化耕种黄土质碳酸盐褐土。俗称为"黄垆土"，面积为22 126.1亩，占普查总土地面积的1.25%，主要集中在南部几个较大的垣面上，如西庄垣、陈香垣、佐村垣、店上垣和东池垣等。

此种土所在地区，土地平坦，垣面较宽，已开垦为农田。该土发育在马兰黄土母质上，土层深厚，表层质地轻壤，疏松好耕，剖面中有多量霜状或假菌丝状的碳酸钙淀积。上层土壤颜色较淡，下层较深，由灰褐色变化为棕褐色，质地由轻壤变为中壤，有黏化层出现。在50厘米内有大量的植物残根，向下逐渐减少，剖面各层均有强烈的石灰反应。

典型剖面9—07，采自南垣乡店上村，郭家埝北偏东30°，距离650米处的残垣上，海拔970米，一年一作，种植玉米。剖面形态特征如下：

0～20厘米：灰褐色，轻壤，屑粒结构，疏松，稍润，多植物根系，多虫粪，石灰反应强烈。

20～43厘米：暗灰褐色，轻壤，碎块状结构，紧实，稍润，有中量植物根系，多虫粪，有少量料姜，有少量的霜状碳酸钙淀积，石灰反应强烈。

43～88厘米：棕褐色，中壤，棱块结构，紧实，稍润，有少量植物根系和料姜，有多量霜状碳酸钙淀积，石灰反应强烈。

88～150厘米：暗褐色，中壤，块状结构，紧实，稍润，有少量料姜和少量霜状碳酸钙淀积，石灰反应强烈。

理化性状见表3-5。

表3-5　轻壤浅位厚层黏化耕种黄土质碳酸盐褐土剖面9—07土壤理化性状

层次（厘米）	有机质（克/千克）	全氮（克/千克）	C/N	全磷（克/千克）	代换量（me/百克土）	$CaCO_3$（克/千克）	pH	机械组成（%）	
								<0.01（毫米）	<0.001（毫米）
0～20	5.9	0.37	9.2	0.42	7.9	91	8.5	23.1	9.4
20～43	5.7	0.35	9.2	0.36	7.6	81	8.5	27.4	11.9
43～88	5.0	0.31	9.1	0.38	9.1	140	8.4	34.0	13.5
88～150	4.2	0.28	8.7	0.45	9.0	142	8.4	32.6	14.5

土体构型为绵盖垆，即"蒙金型"，但肥力水平低，表层有机质含量一般为0.5%～

1.0%，土体干旱。因而改良利用的重点应放在培肥与耕作方面，如加深耕作层、耙耱保墒、精耕细作、多施有机肥、合理轮作等。东池村麦—油轮作的经验值得推广。

据2009—2011年土壤调查测定，该土种的土壤测试平均值为：有机质13.74克/千克，全氮0.82克/千克，有效磷15.62毫克/千克，速效钾147.64毫克/千克，缓效钾701.56毫克/千克，pH为8.28，有效铜0.92毫克/千克，有效锌0.82毫克/千克，有效锰12.46毫克/千克，有效铁6.76毫克/千克，有效硼0.47毫克/千克，有效硫28.20毫克/千克。

②轻壤厚层耕种黄土质山地褐土。面积为17 877.9亩，占普查面积的1.01%，零星分布在黄土质山地褐土之中。

典型剖面2—9采自古阳镇热留村，距布兰崖北偏东20°，35米处的梁顶部，海拔1 050米，农业利用方式为一年一作，种植玉米，通体石灰反应强烈。剖面形态特征如下：

0～14厘米：灰褐色，轻壤，屑粒结构，疏松、润，多植物根系，夹有少量灰渣。

14～60厘米：浅棕褐土，轻壤偏中，碎块结构，紧实，润，有中量植物根系，夹有少量料姜。

60～100厘米：暗灰褐色，中壤，块状结构，紧实，润，有少量植物根系，夹有少量料姜，有霜状碳酸钙淀积。

100～150厘米：暗灰褐色，中壤，块状结构，紧实，润，有多量的霜状碳酸钙淀积。

理化性状见表3-6。

表3-6 轻壤厚层耕种黄土质山地褐土剖面2—9土壤理化性状

层次（厘米）	有机质（克/千克）	全氮（克/千克）	C/N	全磷（克/千克）	代换量（me/百克土）	$CaCO_3$（克/千克）	pH	机械组成（%）	
								<0.01（毫米）	<0.001（毫米）
0～14	13.7	0.78	10.2	0.47	8.6	79	8.2	27.0	11.4
14～60	7.0	0.69	6.9	0.49	9.4	103	8.2	30.4	14.6
60～100	3.7	0.33	6.5	0.36	9.5	139	8.2	36.0	13.8
100～150	2.2	0.2	6.4	0.27	9.9	79	8.3	39.2	14.6

轻壤厚层耕种黄土质山地褐土，也有明显的发育特征。60厘米以下出现碳酸钙淀积，60～100厘米土层的碳酸钙含量比表层高出近一倍。下层颜色也较暗，质地较黏重，有黏化过程出现，但较弱。此土种耕作容易，易捉苗，保水保肥性较好，但耕层浅，土壤较瘠薄。应逐步深耕、加厚耕层、增加土壤有机质、提高土壤肥力。

据2009—2011年土壤调查测定，该土种的土壤测试平均值为：有机质15.57克/千克，全氮0.93克/千克，有效磷15.85毫克/千克，速效钾135.42毫克/千克，缓效钾675.53毫克/千克，pH为8.17，有效铜0.99毫克/千克，有效锌0.69毫克/千克，有效锰12.07毫克/千克，有效铁7.84毫克/千克，有效硼0.40毫克/千克，有效硫30.05毫克/千克。

（2）灌淤石灰性褐土B·b·6：此类土壤发育在涧河、旧县河和石壁河两岸的二级阶地上，沿河呈长条状分布。成土母质为近代河流的冲积、洪积物和人工引洪漫地形成的，沉积层次明显，但土壤发育层次不明显，看不到碳酸钙淀积和黏化现象。地下水位一般为2～3米。

农业生产上的特点是土壤肥沃，表层土壤有机质含量一般在1.0%～2.0%，水源、肥源丰富，交通方便，人口集中，耕作管理比较细致，种植指数较高，多为一年两熟或两年三熟。今后应注意用养结合，建设高标准园田。

根据表层质地和土体构型的不同，此土属有2个土种。

①轻壤耕种灌淤碳酸盐褐土。面积为16 284.8亩，占普查总土地面积的0.92%。俗称“绵沙土”，绵软好耕，发小苗也发大苗，宜耕期长，宜种作物广。

典型剖面7—05采自永乐乡永乐村赵店公路桥北偏东80°、距离30米的河谷阶地，海拔900米，种植玉米、一年一作。剖面形态特征如下：

0～20厘米：灰褐色，轻壤，屑粒状结构，疏松，稍润，多植物根系，石灰反应强烈。

20～50厘米：浅灰褐，轻壤，碎块状结构，紧实，润，植物根系中量，有少量瓦块，少量霜状碳酸盐淀积，石灰反应强烈。

50～100厘米：深灰褐，轻壤，碎块状结构，紧实，润，植物根系中量，有少量石块，中量霜状碳酸钙淀积，石灰反应强烈。

100～150厘米：深灰褐，轻壤，碎块状结构，紧实，潮湿，植物根系少量，石灰反应中等。

理化性状见表3-7。

表3-7　轻壤耕种灌淤碳酸盐褐土剖面7—05土壤理化性状

层次（厘米）	有机质（克/千克）	全氮（克/千克）	C/N	全磷（克/千克）	代换量（me/百克土）	$CaCO_3$（克/千克）	pH	机械组成（%）	
								<0.01（毫米）	<0.001（毫米）
0～20	10.8	0.63	9.9	0.56	8.4	108	8.2	29.9	7.0
20～50	7.1	0.48	8.6	0.54	7.6	96	8.0	28.6	7.1
50～100	6.0	0.41	8.5	0.52	7.6	113	8.1	23.5	3.8
100～150	4.1	0.35	6.8	0.86	8.0	111	8.3	27.7	4.6

②中壤耕种灌淤碳酸盐褐土。俗称“垆土”，主要分布在涧河沿岸的张家沟、湾里、张庄、五马等村，面积为2 832.1亩，占普查总土地面积的0.16%。土层肥厚，土质较黏，结构紧，保水保肥性能良好，但板结难耕，湿土泥泞，干时起坷垃，肥效慢而持久，后劲大，捉苗困难但发大苗。现在此土种区，水利设施完善，肥源充足，生产水平比较高。

典型剖面4—84，采自岳阳镇张家沟村所在地北偏东60°、距离50米处，海拔680米。地形部位为涧河的二级阶地，农业利用方式为一年两作，种植玉米和冬小麦。

剖面形态特征如下：

0～18厘米：暗灰褐色，中壤，棱块状结构，紧实，润，有中量植物根系，有少量虫粪和灰渣，石灰反应强烈。

18～70 厘米：暗灰褐色，中壤，块状结构，紧实，润，有少量植物根系，有中量虫粪，石灰反应强烈。

70～103 厘米：红棕色，中壤，块状结构，紧实，潮湿，有少量植物根系，中量虫粪，石灰反应强烈。

103～150 厘米：浅棕褐色，中壤，块状结构，紧实，湿，石灰反应强烈。

理化性状见表 3-8。

表 3-8　中壤耕种灌淤碳酸盐褐土剖面 4—84 土壤理化性状

层次（厘米）	有机质（克/千克）	全氮（克/千克）	C/N	全磷（克/千克）	代换量（me/百克土）	$CaCO_3$（克/千克）	pH	机械组成（%）	
								<0.01（毫米）	<0.001（毫米）
0～18	19.6	1.04	10.9	0.50	10.1	84	8.2	32.2	13.5
18～70	14.7	0.95	9.0	0.37	9.7	81	8.3	38.4	15.3
70～103	7.6	0.52	8.5	0.33	9.7	92	8.3	39.4	17.0
103～150	7.0	0.49	8.3	0.33	9.2	98	8.4	30.8	15.9

据 2009—2011 年土壤调查测定，该土种的土壤测试平均值为：有机质 13.70 克/千克，全氮 0.87 克/千克，有效磷 14.75 毫克/千克，速效钾 143.36 毫克/千克，缓效钾 614.78 毫克/千克，pH 为 8.24，有效铜 0.94 毫克/千克，有效锌 0.66 毫克/千克，有效锰 11.67 毫克/千克，有效铁 6.47 毫克/千克，有效硼 0.46 毫克/千克，有效硫 32.24 毫克/千克。

2. 淋溶褐土　淋溶褐土分布在海拔 1 400～1 800 米的山区，与棕壤区相比，气温略有上升，降水量有所减少。其气候特点是冬季气候冷凉；夏季高温多雨，空气湿润，雨多雾大。在这样的气候条件下，林木和草灌生长旺盛，自然植被覆盖较好，一般覆盖度在阴坡可达 90%，阳坡也在 70%以上。植被种类繁多，有栎树、桦树、山杨、油松、侧柏、山桃、山杏、黄刺玫、山榆、茅草、荷草、胡枝子等。由于植被茂密、光照不足、气候湿润，每年有大量枯枝落叶和草灌植物残体，由于分解缓慢而逐年累积，年复一年，长期停留在生物循环中。这层疏松的有机物截拦和蓄积了大量的降水，使土壤常年保持相当的水分，土体湿润，盐基大部被淋洗下去。淋溶褐土亚类分 3 个土属，分述如下。

（1）麻沙质淋溶褐土 B·c·1：此土属衍生 2 个土种，即薄层花岗片麻岩质山地淋溶褐土和中层花岗片麻岩质山地淋溶褐土，面积 109 037.4 亩，占总土地面积的 6.16%，分布在大南坪林场和北平镇龙岩寺附近，俗称“山林粗沙土”。此土由于母质关系，质地粗糙，腐殖质呈黑色，下层为半风化的砾质粗沙，土层较薄而淋溶强烈，上下均无石灰反应。

①中层花岗片麻岩质山地淋溶褐土。典型剖面 2—75，采自大南坪林场，海拔 1 540 米，地形部位为梁上部，自然植被以青刚木、山杨、桦木为主，有零星油松，地表有茅草等，覆盖度 70%以上。其剖面形态特征如下：

0～3厘米：为枯枝落叶。

3～15厘米：浅棕褐，沙壤土，团粒状结构，疏松，多植物根系，润。

15～37厘米：灰褐，沙壤土，团粒状结构，疏松，润，多植物根系。

37～45厘米：半风化花岗片麻岩。

45厘米以下：母岩花岗片麻岩。

理化性状见表3-9。

表3-9　中层花岗片麻岩质山地淋溶褐土剖面2—75土壤理化性状

层次（厘米）	有机质（克/千克）	全氮（克/千克）	C/N	全磷（克/千克）	代换量（me/百克土）	$CaCO_3$（克/千克）	pH	机械组成（%）	
								<0.01（毫米）	<0.001（毫米）
3～15	40.5	1.88	12.5	1.95	11.0	2.0	7.2	15.4	8.2
15～37	13.3	0.71	10.9	1.62	6.9	2.0	7.2	11.1	5.8

据2009—2011年土壤调查测定，该土种的土壤测试平均值为：有机质22.98克/千克，全氮1.17克/千克，有效磷11.09毫克/千克，速效钾168.97毫克/千克，缓效钾740.51毫克/千克，pH为7.73，有效铜1.17毫克/千克，有效锌1.22毫克/千克，有效锰14.33毫克/千克，有效铁13.64毫克/千克，有效硼0.54毫克/千克，有效硫24.57毫克/千克。

②薄层花岗片麻岩质山地淋溶褐土。典型剖面2—70，采自古阳镇凌云村桑林圪台，地形部位为梁上部，海拔1 470米，自然植被有栎树、桦树等乔木和羊胡子草、茅草等草被，覆盖度60%以上。剖面形态特征如下：

0～4厘米：为枯枝落叶层。

4～16厘米：暗褐，沙壤偏轻，团粒结构，疏松、润、多植物根系。

16厘米以下：为花岗片麻岩的半风化物和花岗片麻岩母质。

据2009—2011年土壤调查测定，该土种的土壤测试平均值为：有机质23.52克/千克，全氮1.36克/千克，有效磷10.80毫克/千克，速效钾178.42毫克/千克，缓效钾812.03毫克/千克，pH为7.58，有效铜1.44毫克/千克，有效锌1.78毫克/千克，有效锰17.39毫克/千克，有效铁15.88毫克/千克，有效硼0.56毫克/千克，有效硫26.14毫克/千克。

（2）沙泥质淋溶褐土B·c·5：含薄层砂页岩质山地淋溶褐土（薄沙泥质淋土）1个土种。俗称“山林沙土”，只在北平镇、古阳镇的东部有小面积分布，面积为9 558.5亩，占总土地面积的0.54%。

典型剖面1—42，采自北平镇贾寨村，距安泽沟700米、西偏北65°，植被有油松、栎树、白草等，覆盖度为85%，地形部位为梁顶部，海拔1 450米。剖面形态特征如下：

0～2厘米：为枯枝落叶层。

2～19厘米：暗灰褐，沙壤，团粒结构，疏松，润，多植物根系，有中量虫粪，无石灰反应。

19～34厘米：灰褐色，沙壤，碎块状结构，疏松，润，多植物根系，有少量虫粪，无石灰反应。

34～50 厘米：砂页岩的半风化物。

50 厘米以下：砂页岩母岩。

理化性状见表 3-10。

表 3-10　薄层砂页岩质山地淋溶褐土剖面 1—42 土壤理化性状

层次（厘米）	有机质（克/千克）	全氮（克/千克）	C/N	全磷（克/千克）	代换量（me/百克土）	$CaCO_3$（克/千克）	pH	机械组成（%）	
								<0.01（毫米）	<0.001（毫米）
2～19	22.7	1.0	13.2	0.17	8.3	1.3	7.2	19.9	15.1
19～34	9.0	0.59	8.9	0.14	6.8	2.5	6.9	17.9	7.1

据 2009—2011 年土壤调查测定，该土种的土壤测试平均值为：有机质 23.07 克/千克，全氮 1.21 克/千克，有效磷 12.65 毫克/千克，速效钾 114.95 毫克/千克，缓效钾 658.89 毫克/千克，pH 为 7.95，有效铜 1.34 毫克/千克，有效锌 1.34 毫克/千克，有效锰 15.43 毫克/千克，有效铁 12.48 毫克/千克，有效硼 0.46 毫克/千克，有效硫 25.66 毫克/千克。

（3）洪积淋溶褐土 B•c•9：面积为 20 710 亩，占总土地面积的 1.17%，包括 2 个土种。

①轻壤耕种洪积山地淋溶褐土。主要分布在大南坪林场附近和北平镇的尖阳等处，俗称“山林沙土”，成土母质为花岗片麻岩风化物和红黄土，由洪水搬运淤积而成。

典型剖面 1—37，采自北平镇交里村尖阳正东 200 米处，海拔 1 500 米，种植作物为玉米和谷子。剖面形态特征如下：

0～14 厘米：灰褐色，轻壤，屑粒状结构，疏松，润，多植物根系，夹有少量灰渣，无石灰反应。

14～24 厘米：暗灰褐色，轻壤，碎块结构，稍紧，润，有中量植物根系，夹有中量灰渣，无石灰反应。

24～42 厘米：灰褐色，沙壤，块状结构，紧实，润，有少量植物根系，虫粪较多，无石灰反应。

42～83 厘米：浅灰褐，沙壤，碎块状结构，稍紧，潮湿，有少量植物根系，无石灰反应。

83 厘米以下：为卵石层。

理化性状见表 3-11。

表 3-11　轻壤耕种洪积山地淋溶褐土剖面 1—37 土壤理化性状

层次（厘米）	有机质（克/千克）	全氮（克/千克）	C/N	全磷（克/千克）	代换量（me/百克土）	$CaCO_3$（克/千克）	pH	机械组成（%）	
								<0.01（毫米）	<0.001（毫米）
0～14	27.2	1.70	9.3	1.16	14.7	0.2	7.4	21.5	7.2
14～24	27.0	1.60	9.8	1.09	12.6	0.2	7.2	23.6	11.3

（续）

层次（厘米）	有机质（克/千克）	全氮（克/千克）	C/N	全磷（克/千克）	代换量（me/百克土）	$CaCO_3$（克/千克）	pH	机械组成（%）	
								<0.01（毫米）	<0.001（毫米）
24～42	12.5	0.80	8.2	0.95	7.0	0.1	7.6	11.1	3.2
42～83	12.4	0.81	8.8	0.83	8.0	0.2	7.6	17.4	5.2

②中壤耕种洪积山地淋溶褐土。分布在北平镇、当家山、辛庄之间的山间盆地上，俗称“鸡粪土”，为山上的石灰岩质风化物经洪水搬运淤积而成，地面宽阔，地势平坦，土地肥沃，保水保肥。种植方式为一年一作，主要是玉米、冬小麦、谷子和山药，还有少量的莜麦。由于地处高寒，往往影响作物的正常成熟。

典型剖面1—07，采自北平镇党家山大队，西偏北20°的150米处，海拔1 510米。典型剖面形态特征如下：

0～20厘米：灰褐色，中壤，屑粒结构，疏松，湿润，多植物根系，夹有灰渣。

20～35厘米：红棕色，中壤，块状结构，稍紧，润，有中量植物根系，有虫粪。

35～55厘米：红棕色，中壤，块状结构，紧实，润，有少量植物根系，夹有灰渣。

55～96厘米：浅灰褐，中壤，块状结构，紧实，润，有少量植物根系，夹有灰渣。

96～130厘米：灰黄褐，轻壤，块状结构，稍紧，润，有虫粪。

130～150厘米：灰黄褐，沙壤偏轻，碎块结构，疏松，湿润。

通体均无石灰反应。理化性状见表3-12。

表3-12　中壤耕种洪积山地淋溶褐土剖面1—07土壤理化性状

层次（厘米）	有机质（克/千克）	全氮（克/千克）	C/N	全磷（克/千克）	代换量（me/百克土）	$CaCO_3$（克/千克）	pH	机械组成（%）	
								<0.01（毫米）	<0.001（毫米）
0～20	22.5	1.23	10.6	0.44	13.0	2.0	7.1	33.3	16.4
20～36	21.6	1.27	9.9	0.42	12.5	2.9	7.3	32.6	14.3
36～55	14.2	0.89	9.3	0.38	10.5	5.7	7.3	30.1	13.5
55～96	14.0	0.87	9.3	0.40	10.4	5.8	7.4	31.8	8.0
96～130	9.8	0.62	9.2	0.38	7.6	6.0	7.4	22.6	7.8
130～150	7.9	0.53	8.6	0.33	6.7	6.4	7.5	19.4	6.8

据2009—2011年土壤调查测定，该土种的土壤测试平均值为：有机质24.82克/千克，全氮1.31克/千克，有效磷8.44毫克/千克，速效钾165.84毫克/千克，缓效钾789.62毫克/千克，pH为7.88，有效铜1.40毫克/千克，有效锌1.61毫克/千克，有效锰16.66毫克/千克，有效铁16.47毫克/千克，有效硼0.66毫克/千克，有效硫31.68毫克/千克。归纳起来，淋溶褐土的特征有以下3点：

a. 表层有2～5厘米厚薄不等的未分解或半分解的枯枝落叶层（耕作土壤除外）；其下为10厘米左右的腐殖质层，此层颜色为暗褐色或黑褐色，团粒结构，有机量含量较高，为 3.5%～5%。耕地表层有机质含量也可达 2%～3%。

b. 由于覆盖度大，土壤经常保持湿润，具有明显的淋溶层，碳酸钙含量均小于 1%，土壤反应趋于中性或微酸性，pH 为 6.7～7.6。

c. 钙积层出现的位置较褐土其他亚类为深，耕种淋溶褐土 1.5 米以内未出现钙积现象。其他土种因土层薄，钙积层消失。

此类土区多为天然林木基地，应加强现有林木护理、幼树抚育工作，并适当发展优良牧草，繁殖野生药材或果树，以利山区的经济发展。耕种淋溶褐土区，应引进优良耐寒品种，提高作物产量。

3. 褐土性土 B·e　褐土性土发育在黄土丘陵区的垣、梁、峁、坡、沟等地形部位上，是古县分布面积最大的一类土壤，也是古县耕地面积中分布最大的一类土壤。

该类土壤的形成和剖面形态有以下几个显著特点。第一，自然植被稀疏，水土流失严重，梁峁起伏，沟壑纵横，是该土区地理景观的特点。第二，由于水土流失和频繁的侵蚀与堆积过程，使土壤发育经常处于幼年阶段。土体发育微弱，见不到黏化现象。梁峁地上可以见到碳酸钙的淀积，而坡地上母质特征尤为明显。第三，大部分土壤是发育在第四纪马兰黄土和离石黄土上，因而土层深厚。发育在马兰黄土母质上的土壤，疏松多孔，质地轻壤，富含碳酸钙，一般石灰含量在 15%左右，最高达 20%，石灰反应强烈，土壤呈微碱性，pH 为 8.0～8.4。部分土壤发育在离石黄土的红色条带上，质地为中壤；还有一部分发育在第三纪红土上，质地黏重，结构紧实，无石灰反应。第四，由于大部分土壤疏松多孔，土体干旱，好气性微生物活跃，故土壤中有机质的矿质化过程强于腐殖化过程，因而有机质含量低，表层有机质含量一般低于 1%。水土流失造成肥沃表土丧失，再加上养地作物面积极小，施肥重氮轻磷，致使土壤有效磷含量低于 3 毫克/千克，属极缺。第五，在旱作条件下，由于人类的合理利用和定向培育，土壤向着肥力提高的方向发展，也就是土壤的水、肥、气、热条件更适合作物的生长，这就是旱作熟化过程。这一过程包括以下几个方面的内容：建筑水平梯田，控制水土流失；合理耕作，形成较为深厚的耕作层，改变原来的土体构型。施用有机肥和合理轮作，使土肥相融，改善土壤的结构和质地、提高土壤的保肥性能。耕作耙耱等措施，能改善土壤水分状况等。古县的耕作土壤，均受到旱作熟化过程的控制。

（1）沙泥质褐土性土 B·e·2：下含重壤中层多砾耕种铝土页岩质山地褐土 1 个土种，俗称“白干子土”。分布在北平镇的圪堆、北平村和古阳镇的横岭村等处，面积为 8 673.4亩，占总土地面积的 0.49%。剖面形态特征如下：

0～19 厘米，灰褐色，重壤，屑粒结构，疏松，湿润，多植物根系，有多量母质碎块，有微弱石灰反应。

19～33 厘米：浅灰褐，重壤，碎块结构，紧实，湿润，含有中量植物根系和多量母质碎块，有微弱石灰反应。

33～44 厘米：灰白色，黏土，核块状结构，紧实，湿润，很少植物根系，有微弱石灰反应。

44～76 厘米：为铝土页岩的半风化物。

76 厘米以下：铝土页岩母岩。

理化性状见表 3-13。

表 3-13 重壤中层多砾耕种铝土页岩质山地褐土剖面土壤理化性状

层次（厘米）	有机质（克/千克）	全氮（克/千克）	C/N	全磷（克/千克）	代换量（me/百克土）	$CaCO_3$（克/千克）	pH	机械组成（%）	
								<0.01（毫米）	<0.001（毫米）
0～19	16.5	0.99	9.7	0.36	16.7	0.8	7.9	52.1	21.5
19～33	12.4	0.9	7.3	0.32	16.4	0.5	7.8	54.2	25.6
33～44	8.5	0.68	7.3	0.2	18.8	0.2	7.7	72.6	39.9

此种土壤发育在石炭系铝土页岩母质上，故而质地黏重，宜耕期短，耕层浅薄，难以耕作。今后应加深活土层，熟化土壤，适时耕作，并逐步退耕还林还牧。

据 2009—2011 年土壤调查测定，该土种的土壤测试平均值为：有机质 24.17 克/千克，全氮 1.30 克/千克，有效磷 8.71 毫克/千克，速效钾 131.85 毫克/千克，缓效钾 668.17 毫克/千克，pH 为 7.78，有效铜 1.38 毫克/千克，有效锌 1.72 毫克/千克，有效锰 19.10 毫克/千克，有效铁 16.03 毫克/千克，有效硼 0.53 毫克/千克，有效硫 25.51 毫克/千克。

（2）黄土质褐土性土 B·e·4：该土属下含 5 个土种，分述如下。

①轻度侵蚀厚层黄土质山地褐土。俗称“荒山白土”，面积为 178 247.9 亩，占普查土地面积的 10.07%，主要分布在东南部山区，包括南垣乡郭店祖师顶一带和永乐乡草裕岭一带。成土母质为马兰黄土。

典型剖面 7—59 采自永乐乡大井沟村，距前家庄 600 米，西偏北 20°，自然植被生长有白草、荆条等草灌，海拔 1 175 米，位于梁地上部。剖面形态特征如下：

0～25 厘米：深灰褐，轻壤，屑粒结构，疏松，稍润，多植物根系，石灰反应强烈。

25～50 厘米：灰褐色，中壤，碎块状结构，稍紧，润，多植物根系，多虫粪，有霜状碳酸钙淀积，石灰反应强烈。

50～73 厘米：深灰褐，中壤，块状结构，紧实，润，有少量植物根系和虫粪，石灰反应强烈。

73～150 厘米：灰褐色，轻壤，块状结构，紧实，润，有少量植物根系，有多量的霜状碳酸钙淀积，石灰反应强烈。

理化性状见表 3-14。

表 3-14 轻度侵蚀厚层黄土质山地褐土剖面 7—59 理化性状

层次（厘米）	有机质（克/千克）	全氮（克/千克）	C/N	全磷（克/千克）	代换量（me/百克土）	$CaCO_3$（克/千克）	pH	机械组成（%）	
								<0.01（毫米）	<0.001（毫米）
0～25	9.4	0.77	8.1	0.33	9.1	156	8.2	28.4	7.9
25～50	8.6	0.72	6.9	0.33	10.8	170	8.3	33.2	13.5
50～73	6.6	0.67	6.0	0.28	10.9	168	8.3	34.7	17.3
73～150	6.4	0.51	6.0	0.3	8.7	181	8.2	29.5	10.2

另一个典型剖面8—53，采自南垣乡苏家庄村，距小东沟村北偏东45°的600米处，位于坡下部，海拔1 250米，坡度为15°，主要生长连翘、蒿草等，剖面通体石灰反应强烈。剖面形态特征如下：

0～11厘米：暗灰褐，轻壤，团粒结构，疏松，稍润，多植物根系，有多量虫粪。

11～35厘米：浅黄褐，轻壤，碎块状结构，稍紧，稍润，多植物根系，有少量虫粪。

35～60厘米，黄褐色，轻壤，块状结构，紧实，润，有中量植物根系，有少量料姜和虫粪，有少量糯状碳酸钙淀积。

60～102厘米：暗黄褐色，轻壤，块状结构，紧实，润，有少量霜状碳酸钙淀积。

102～150厘米：灰褐色，轻壤，块状结构，紧实，润，有霜状碳酸钙淀积。

理化性状见表3-15。

表3-15　轻度侵蚀厚层黄土质山地褐土剖面8—53土壤理化性状

层次（厘米）	有机质（克/千克）	全氮（克/千克）	C/N	全磷（克/千克）	代换量（me/百克土）	$CaCO_3$（克/千克）	pH	机械组成（%）	
								<0.01（毫米）	<0.001（毫米）
0～11	12.9	0.85	9.8	0.22	8.4	118	8.4	25.7	6.3
11～35	7.9	4.8	9.0	0.29	8.3	122	8.3	24.0	7.1
35～60	6.0	0.44	7.9	0.36	8.3	126	8.5	26.2	8.8
60～102	5.9	0.43	7.9	0.28	8.0	136	8.5	28.5	7.9
102～150	5.0	0.42	7.0	0.26	8.1	121	8.3	23.1	10.4

从剖面观察和化验分析结果，可以看到黄土质山地褐土的发育特征。

a. 第一个典型剖面7—59中73～150厘米土层的碳酸钙含量比表层高16.0%，第二个典型剖面8—53中60～102厘米土层的碳酸钙含量比表层高出15.3%，说明由于淋溶深度有限，土壤出现钙化过程，在土体下层形成了碳酸钙淀积。

钙化过程包括脱钙和积钙两个过程，它是碳酸钙在土壤剖面中淋溶、淀积作用的结果。古县由于地处半干旱的气候条件下，随着季节性降水，剖面中的易溶性盐，如氯、硫、纳、钾等几乎被全部淋失。钙、镁盐类也受到淋溶，碳酸钙与二氧化碳结合，形成重碳酸钙，溶解度增大，不断向下移动，随着二氧化碳分压降低，又以碳酸钙的形式淀积于土体，在剖面中表现为假菌丝状或点状、糯状、霜状等。这一成土过程在山地褐土、碳酸盐褐土和褐土性土中均广泛存在，但是，在以碳酸盐褐土中最为明显。

b. 在剖面7—59中，25～73厘米土壤质地偏重、颜色转暗，<0.001毫米的黏粒含量比上层高出95.0%；剖面8—53中，<0.001毫米的黏粒含量，35～60厘米土层比上层高23.9%，102～150厘米土层比上层高出31.6%，说明有黏化过程出现。

黏化过程包括黏粒的形成和黏粒的淋溶积聚。古县地处暖温带季风气候区，高温高湿同时出现，冷暖季和干湿季十分明显。在这种生物气候条件下，表土的水热状况很不稳定，但在表层以下的土层，经常具备适宜的湿度和温度条件，土壤颗粒由粗变细，土壤中原生矿物进行强烈的分解合成转化，形成很多次生黏土矿物，黏粒增加。夏季湿润季节，黏粒随降水淋溶至亚表土或心土层积聚，使土壤颜色转暗，呈紧实的棱块状结构。该层即为地带性土壤的诊断层。这种成土过程在黄土质山地褐土、褐土性土中都有所表现，但是尤以在黄土质碳酸盐褐土中表现得特别明显。因此古县的黄土质碳酸盐褐土在生产上具有托水保肥的特性。

据2009—2011年土壤调查测定，该土种土壤测试平均值为：有机质16.71克/千克，全氮0.95克/千克，有效磷13.19毫克/千克，速效钾157.50毫克/千克，缓效钾661.15毫克/千克，pH为8.2，有效铜0.99毫克/千克，有效锌0.83毫克/千克，有效锰12.00毫克/千克，有效铁8.40毫克/千克，有效硼0.45毫克/千克，有效硫30.24毫克/千克。

②轻壤耕种黄土质褐土性土。俗称“白绵土”、“白土”、“白脸子土”等，面积248 874.4亩，是全县耕种土壤中面积最大的一类土壤。分布在广大黄土丘陵的残垣、梁峁地上，多已修筑为梯田。

典型剖面6－52，采自旧县镇并侯村，距东并侯村旁高压线杆北偏东80°，60米的残垣面上，海拔900米，一年一作，种植小麦或玉米。剖面形态特征如下：

0～16厘米：浅黄褐，轻壤，屑粒结构，疏松，稍润，多植物根系，石灰反应强烈。

16～110厘米：灰褐色，轻壤，碎块状结构，稍紧，润，有中量植物根系，有少量点状碳酸钙淀积，石灰反应强烈。

110～150厘米：浅黄褐色，轻壤，碎块状结构，紧实，润，有少量植物根系，石灰反应强烈。

理化性状见表3-16。

表3-16　轻壤耕种黄土质褐土性土剖面6—52土壤理化性状

层次（厘米）	有机质（克/千克）	全氮（克/千克）	C/N	全磷（克/千克）	代换量（me/百克土）	$CaCO_3$（克/千克）	pH	机械组成（%）	
								<0.01（毫米）	<0.001（毫米）
0～16	8.4	0.53	9.2	0.38	9.0	105	8.4	29.3	10.5
16～110	6.6	0.45	8.5	0.36	8.9	119	8.5	29.3	12.0
110～150	3.1	0.26	6.9	0.42	9.0	142	8.5	29.9	10.4

此种土壤，绵软好耕，发小苗，但后劲不足，土体干旱，成为影响作物产量的一大障碍因子。土质最为瘠薄，历来有“红长黑长白不长，就怕白土夹料姜”之说，其中的“白土”即指此种土壤。今后生产中应注意此种土壤的培肥，以肥调水，夺取高产。

③轻壤浅位中黑垆土层耕种黄土质褐土性土。俗称“黑垆土”，面积885亩，占全县总土地面积的0.05%，分布在南垣乡的佐村和桥西黄土残垣上。

典型剖面10—07，采自南垣乡佐村村，佐村西偏北75°，离距300米，垣地顶部，海拔850米，种植冬麦，一年一作。剖面形态特征如下：

0～18厘米：灰黄褐色，轻壤，屑粒状结构，疏松，稍润，多植物根系。

18～39厘米：灰褐色，轻壤，片状结构，紧实，润，少植物根系。

39～110厘米：黑褐色，中壤，核块状结构，坚实，潮湿，少植物根系，有少量假菌丝体。

110～150 厘米：浅灰褐色，中壤，片状结构，紧实，潮湿，有少量料姜。

理化性状见表 3-17。

表 3-17 轻壤浅位中黑垆土层耕种黄土质褐土性土剖面土壤理化性状

层次（厘米）	有机质（克/千克）	全氮（克/千克）	C/N	全磷（克/千克）	代换量（me/百克土）	$CaCO_3$（克/千克）	pH	机械组成（%）	
								<0.01（毫米）	<0.001（毫米）
0～18	7.2	0.36	11.6	0.34	9.0	85	8.5	27.4	14.4
18～39	7.1	0.46	9.0	0.38	8.1	90	8.5	27.4	14.4
39～110	5.6	0.44	7.4	0.72	9.4	84	8.4	35.9	16.4
110～150	4.9	0.39	7.3	0.62	10.0	110	8.5	39.9	17.8

其特点是在 30～40 厘米以下有一层黑褐色，核块状结构的古土壤层，上面覆盖的土层为灰褐色，轻壤质。土体构型属于绵盖垆，是比较理想的耕种土壤构型，保水保肥、耐旱耐涝、易耕好作。黑垆土层中发育有假菌丝体。通体有强烈的石灰反应。

据 2009—2011 年土壤调查测定，该土种的土壤测试平均值为：有机质 13.54 克/千克，全氮 0.88 克/千克，有效磷 14.69 毫克/千克，速效钾 142.98 毫克/千克，缓效钾 651.37 毫克/千克，pH 为 8.24，有效铜 0.91 毫克/千克，有效锌 0.67 毫克/千克，有效锰 11.31 毫克/千克，有效铁 6.70 毫克/千克，有效硼 0.45 毫克/千克，有效硫 30.29 毫克/千克。

④轻度侵蚀轻壤黄土质褐土性土。面积 115 409.7 亩，占普查总土地面积的 6.52%，为荒山坡地。

典型剖面 8—23，采自南垣乡河底村前垣，距富子岭北偏东 70°的 200 米处、梁坡中下部，海拔 930 米，自然植被有白草、羊胡子草、白蒿、艾蒿等，覆盖度 20%左右，坡度 10°。剖面通体石灰反应强烈。剖面形态特征如下：

0～18 厘米：暗灰褐色，轻壤，屑粒结构，疏松，稍润，多植物根系，多虫粪。

18～57 厘米：灰褐，轻壤，核状结构，紧实，有少量料姜和多量虫粪，润，多植物根系。

57～93 厘米：浅灰褐，中壤，块状结构，紧实，润，植物根系中量，少量料姜，有丝状碳酸盐淀积。

93～150 厘米：黄褐色，轻壤—中壤，块状结构，紧实，润，有丝状碳酸盐淀积。

理化性状见表 3-18。

表 3-18 轻度侵蚀轻壤黄土质褐土性土剖面 8—23 土壤理化性状

层次（厘米）	有机质（克/千克）	全氮（克/千克）	C/N	全磷（克/千克）	代换量（me/百克土）	$CaCO_3$（克/千克）	pH	机械组成（%）	
								<0.01（毫米）	<0.001（毫米）
0～18	9.7	0.72	7.8	0.38	9.0	154	8.5	29.9	10.7

（续）

层次（厘米）	有机质（克/千克）	全氮（克/千克）	C/N	全磷（克/千克）	代换量（me/百克土）	$CaCO_3$（克/千克）	pH	机械组成（%）	
								<0.01（毫米）	<0.001（毫米）
18～57	5.4	0.47	7.6	0.33	8.5	166	8.3	29.9	12.1
57～93	3.9	0.3	7.5	0.29	9.4	175	8.3	34.2	19.4
93～150	3.4	0.27	7.3	0.3	9.4	182	8.4	33.2	13.2

⑤中度侵蚀轻壤黄土质褐土性土。面积 43 898.2 亩，占普查总土地面积的 2.48%。

典型剖面 5—79，采自石壁乡高庄村，距徐村北偏东 60°，600 米的梁上部，自然植被生长有荆条、白草等。剖面通体石灰反应强烈。剖面形态特征如下：

0～18 厘米：浅灰褐色，轻壤，屑粒结构，稍紧，稍润，多植物根系，有少量料姜和虫粪，有少量霜状碳酸钙淀积。

18～79 厘米：灰褐色，轻壤，碎块结构，紧实，润，有中量植物根系，有较多料姜，有多量霜状碳酸钙淀积。

79～150 厘米：浅黄褐色，轻壤，块状结构，紧实，润，有少量植物根系。

由于侵蚀频繁，成土过程很不稳定，土体发育微弱，无黏化过程，剖面中可见霜状或点状的碳酸钙淀积，土体呈黄褐色，碎块状结构，植物根系分布浅。在此种土壤区，应提倡封沟育草；坡度大的地方，应大挖鱼鳞坑、水平沟，植树种草，加强水土保持工作。理化性状见表 3-19。

表 3-19　中度侵蚀轻壤黄土质褐土性土剖面 5—79 土壤理化性状

层次（厘米）	有机质（克/千克）	全氮（克/千克）	C/N	全磷（克/千克）	代换量（me/百克土）	$CaCO_3$（克/千克）	pH	机械组成（%）	
								<0.01（毫米）	<0.001（毫米）
0～18	6.6	0.47	8.2	0.35	9.3	203	8.4	26.0	5.1
18～79	6.0	0.46	7.5	0.31	8.7	152	8.4	25.0	10.5
79～150	4.5	0.36	7.3	0.3	8.4	208	8.3	29.9	11.7

据 2009—2011 年土壤调查测定，该土种的土壤测试平均值为：有机质 14.00 克/千克，全氮 0.90 克/千克，有效磷 13.57 毫克/千克，速效钾 143.62 毫克/千克，缓效钾 632.36 毫克/千克，pH 为 8.24，有效铜 0.95 毫克/千克，有效锌 0.70 毫克/千克，有效锰 12.42 毫克/千克，有效铁 7.22 毫克/千克，有效硼 0.46 毫克/千克，有效硫 31.74 毫克/千克。

（3）红黄土质褐土性土 B·e·5：此类土壤分布在侵蚀严重的荒坡上，土壤颜色红黄色或棕红色，俗称“红土”。根据质地和侵蚀程度的不同，可分为 6 个土种。

①中度侵蚀轻壤红黄土质褐土性土。主要分布在永乐乡的尧峪村，旧县镇的尧店村、皂角沟村，石壁乡的石壁村、上治村，岳阳镇的沟北村、下张才、段家垣村等处。分布范

围广，面积较大，为 182 850.1 亩，占普查总土地面积的 10.33%，是全县非耕地土壤中面积最大的一个土种。

②中度侵蚀中壤夹料姜红黄土质褐土性土。主要分布在岳阳镇的九倾垣村、燕南庄等处。土体中夹有较多料姜，或者土体中埋藏有薄料姜层，面积为 38 587.9 亩，占普查总土地面积的 2.18%。

③重度侵蚀中壤红黄土质褐土性土。主要集中分布在南垣乡（原茶坊乡），位于垣面下的大小沟壑上。面积为 11 151.6 亩，占普查总土地面积的 0.63%。

上述 3 个土种发育在离石黄土母质上，母质具有重叠层次特征，这种层状的成因与其间隙沉积有关。反映每一个沉积间隙期间，均经过一定时期的风化过程，风化后的表层黄土色泽深褐至红棕，再度沉积覆盖的黄土，色泽黄褐。这样不同色泽的条带相间分布，水平成层，两层间质地不同，黄褐色层一般为轻壤、红棕色层一般为中壤，中间尚有砂姜层出露。所以侵蚀对上述土种的形状均产生了一定的影响。

典型剖面 9—15 为中度侵蚀轻壤红黄土质褐土性土，采自南垣乡韩家岭村，距榆树庄北偏东 60°，750 米的梁中部，海拔 950 米，自然植被生长有白草、蒿草、酸枣等。剖面形态特征如下：

0～20 厘米：灰褐色，轻壤，碎块状结构，疏松，稍润，多植物根系。

20～38 厘米：浅灰褐，轻壤，块状结构，紧实，稍润，有中量植物根系。

38～70 厘米：浅红褐色，轻壤，块状结构，紧实，润，有少量植物根系。

70～110 厘米：红褐色，中壤，棱块状结构，坚实，润，有少量植物根系。

110～150 厘米：暗红褐色，中壤，棱块状结构，坚实，润，各层均有少量料姜，石灰反应强烈。

理化性状见表 3-20。

表 3-20　中度侵蚀轻壤红黄土质褐土性土剖面 9—15 土壤理化性状

层次（厘米）	有机质（克/千克）	全氮（克/千克）	C/N	全磷（克/千克）	代换量（me/百克土）	$CaCO_3$（克/千克）	pH	机械组成（%）	
								<0.01（毫米）	<0.001（毫米）
0～20	7.7	0.36	13.9	0.47	8.6	190	8.4	29.0	4.8
20～38	5.8	0.32	9.5	0.32	8.0	185	8.5	29.1	7.9
38～70	5.5	0.3	9.5	0.32	8.0	200	8.5	28.3	8.7
70～110	4.4	0.29	8.8	0.32	9.8	203	8.5	35.7	9.7
110～150	3.5	0.25	8.1	0.42	9.2	192	8.5	36.0	13.8

在此类土壤分布地区，应加强水土保持工作，工程措施和生物措施相结合，挖鱼鳞坑、水平沟，封沟育林育草，发展畜牧业和林业。

据 2009—2011 年土壤调查测定，该土种的土壤测试平均值为：有机质 14.09 克/千克，全氮 0.89 克/千克，有效磷 14.70 毫克/千克，速效钾 151.60 毫克/千克，缓效钾 658.06 毫克/千克，pH 为 8.24，有效铜 0.90 毫克/千克，有效锌 0.72 毫克/千克，有效锰 11.14 毫克/千克，有效铁 6.76 毫克/千克，有效硼 0.45 毫克/千克，有效硫 29.47 毫克/千克。

④轻壤厚层耕种红黄土质山地褐土。零星分布在黄土质山地褐土当中，面积为 36 463.8亩，占普查面积的 2.06%。表层质地轻壤偏中，下层往往为中壤质，有料姜，但构型较好，土质较肥。

典型剖面 7—53，采自永乐乡大井沟村，距裴庄北偏东 70°、60 米的梁地上部，海拔 1 210 米，农业利用方式为一年一作，种植冬小麦、玉米。剖面形态特征如下：

0～24 厘米：灰褐色，轻壤偏中，屑粒状结构，疏松，润，多植物根系，石灰反应强烈。

24～60 厘米：棕褐色，中壤，块状结构，紧实，潮湿，有中量植物根系和虫粪，有多量霜状碳酸钙淀积，石灰反应中等。

60～120 厘米：浅灰褐，中壤，块状结构，紧实，潮湿，有少量植物根系，有多量霜状碳酸钙淀积，石灰反应强烈。

102～150 厘米：灰褐色，轻壤，碎块状结构，紧实，潮湿，有少量料姜和霜状碳酸钙淀积，石灰反应中等。

理化性状见表 3-21。

表 3-21　轻壤厚层耕种红黄土质山地褐土剖面 7—53 土壤理化性状

层次（厘米）	有机质（克/千克）	全氮（克/千克）	C/N	全磷（克/千克）	代换量（me/百克土）	$CaCO_3$（克/千克）	pH	机械组成（%）	
								<0.01（毫米）	<0.001（毫米）
0～24	14.3	0.92	9.0	0.30	9.3	125	8.3	30.0	6.3
24～60	8.6	0.60	8.3	0.33	10.7	137	8.3	42.4	21.7
60～102	7.5	0.47	8.3	0.33	9.9	111	8.4	31.3	9.6
102～150	7.5	0.49	8.4	0.51	8.7	83	8.2	28.1	7.3

由于人为耕种的影响，破坏了自然植被，而土地又很少整修，因而有侵蚀现象发生。今后应注意修筑梯田，过小、过远的地块应退耕还牧，退耕种草发展畜牧业。

⑤轻壤耕种红黄土质褐土性土。俗称“小红土”，面积为 102 665.1 亩，占普查面积的 5.80%。主要分布在黄土丘陵区侵蚀严重的峁地上，其中岳阳镇分布的面积最大。成土母质为离石黄土，土体深厚。表土为屑粒结构，轻壤质。心土为块状结构，有碳酸钙淀积。通体石灰反应强烈。剖面中有红色条带出露，则质地变为中壤，上绵下垆，形成绵盖垆的土体构型，保水保肥性能较强。俗称“红长黑长白不长”的“红”，即指此种土壤。

典型剖面 4—98，采自岳阳镇张才村，红南庄村北偏东 5°，375 米，地形部位为坡中上部，种植作物为玉米。剖面通体石灰反应强烈。剖面形态特征如下：

0～18 厘米：黄褐色，轻壤，屑粒结构，疏松，润，多植物根系，有少量料姜和虫粪。

18～44 厘米，黄褐色，轻壤，块状结构，紧实，润，中量植物根系，有少量料姜和虫粪。

44～90 厘米：红棕色，中壤，棱块结构，坚实，润，有少量糯状碳酸钙淀积。

90～150 厘米：浅灰褐色，轻壤，块状结构，紧实，润，有少量糯状碳酸钙淀积。

理化性状见表 3-22。

表 3-22　轻壤耕种红黄土质褐土性土剖面 4—98 理化性状分析

层次（厘米）	有机质（克/千克）	全氮（克/千克）	C/N	全磷（克/千克）	代换量（me/百克土）	$CaCO_3$（克/千克）	pH	机械组成（%）	
								＜0.01（毫米）	＜0.001（毫米）
0～18	8.8	0.60	8.4	0.33	8.9	126	8.4	27.3	8.8
18～44	6.1	0.49	7.2	0.33	8.4	236	8.5	29.1	8.8
44～90	4.8	0.33	7.1	0.15	11.4	161	8.4	40.1	18.7
90～150	2.6	0.24	6.2	0.29	8.2	234	8.4	28.3	15.2

生产中的问题，仍然是水和肥，其中肥是关键，应注意广开肥源，合理轮作，培肥地力。

⑥中壤少料姜耕种红黄土质褐土性土。俗称“料姜小红土”，主要分布在岳阳镇的沟北村和南垣乡的苏家庄村等处，面积为 11 328.6 亩，占普查面积的 0.64%。

典型剖面 4—32，采自岳阳镇沟北村，距圪垛村西偏北 80°，800 米的残垣上，农业利用方式为一年一作，主要种植小麦。剖面形态特征如下：

0～15 厘米：浅黄褐色，中壤偏轻，屑粒结构，疏松，稍润，多植物根系，有少量料姜和虫粪。

15～37 厘米：黄褐色，中壤，块状结构，紧实，润，有中量植物根系。

37～63 厘米：灰黄褐色，中壤，块状结构，紧实，润，有少量植物根系，有多量的料姜和少量点状碳酸钙淀积。

63～105 厘米：棕褐色，中壤，块状结构，紧实，润，有多量点状碳酸钙淀积。

105～150 厘米：红褐色，中壤，块状结构，紧实，润，有少量点状碳酸钙淀积。

理化性状见表 3-23。

表 3-23　中壤少料姜耕种红黄土质褐土性土剖面 4—32 土壤理化性状

层次（厘米）	有机质（克/千克）	全氮（克/千克）	C/N	全磷（克/千克）	代换量（me/百克土）	$CaCO_3$（克/千克）	pH	机械组成（%）	
								＜0.01（毫米）	＜0.001（毫米）
0～15	7.3	0.51	8.3	0.27	8.0	122	8.3	30.6	13.5
15～37	4.3	0.30	8.3	0.25	10.6	123	8.3	32.4	18.7
37～63	4.8	0.35	8.0	0.25	10.4	176	8.4	32.4	17.8
63～105	4.2	0.34	7.2	0.21	10.0	104	8.3	36.0	20.4
105～150	3.3	0.25	7.2	0.15	10.5	56	8.3	36.7	21.2

土壤质地为中壤，宜耕期偏短，易起坷垃，剖面各层有较多的料姜，有碳酸钙淀积，

无黏化过程，除表土外，母质特征均较明显。由于地表径流大、地下水位深，故土体干旱。今后应着重抓有机旱作，以肥补水。

据2009—2011年土壤调查测定，该土种的土壤测试平均值为：有机质17.33克/千克，全氮0.96克/千克，有效磷13.49毫克/千克，速效钾151.65毫克/千克，缓效钾696.73毫克/千克，pH为8.15，有效铜1.03毫克/千克，有效锌0.92毫克/千克，有效锰12.36毫克/千克，有效铁8.69毫克/千克，有效硼0.47毫克/千克，有效硫28.79毫克/千克。

（4）洪积褐土性土：该土属分布在蔺河及涧河两岸阶地上。划分为3个土种，分述如下：

①沙壤耕种洪积褐土性土。俗称“沙土”，分布在涧河中上游古阳镇一带，面积为3 009.1亩，占普查土地面积的0.17%。通体沙壤，通气透水良好。肥力水平较高，0～20厘米的有机质含量大于3%，以下各层有机质含量也在1%以上。漏水漏肥是此类土壤在生产中的最大障碍。

典型剖面2—06，采自古阳镇古阳村麻湾，距麻湾村北偏东60°，200米处的河谷地区，海拔950米，自然植被有白草、白蒿、艾蒿等，一年一作，种植玉米或冬小麦。剖面形态特征如下：

0～20厘米：黑褐色，沙壤，粒状结构，疏松，稍润，多植物根系，有少量碎石块，石灰反应轻微。

20～80厘米：黑褐色，沙壤，粒状结构，疏松，润，中量植物根系，少石块，多虫粪，石灰反应轻微。

80～130厘米：黑褐色，沙壤，块状结构，紧实、润，有少量植物根系、石块和虫粪，有少量粉状碳酸盐淀积，石灰反应弱。

130～150厘米：浅黑褐色，沙壤偏轻，块状结构，紧实，湿，有少量料姜和虫粪，石灰反应中等。

理化性状见表3-24。

表3-24　沙壤耕种洪积褐土性土剖面2—06土壤理化性状

层次（厘米）	有机质（克/千克）	全氮（克/千克）	C/N	全磷（克/千克）	代换量（me/百克土）	$CaCO_3$（克/千克）	pH	机械组成（%）	
								<0.01（毫米）	<0.001（毫米）
0～20	31	2.12	8.5	0.32	8.9	6.7	7.3	19.1	7.1
20～80	16.8	1.34	7.3	0.20	8.1	8.2	8.0	17.9	7.1
80～130	13.3	0.93	7.3	0.32	8.0	12.3	7.8	19.1	7.9
130～150	10.8	0.88	7.0	0.28	8.0	12.3	8.4	18.7	7.1

②轻壤耕种洪积褐土性土。俗称“绵沙土”，零星分布在涧河中上游的热留、白素、辛庄等村庄的前后川地上，面积5 310.3亩，占普查总土地面积的0.30%。这种土壤由洪水淤积所成，因而地势平坦，土质较肥，水分状况也较好。一般土层深厚，1.5米的剖面

内见不到沙砾层。表层质地轻壤，土壤发育弱，层次不明显。剖面下部有霜状碳酸盐淀积，石灰反应上部微弱、下部中等。属当地的高产地块。

据2009—2011年土壤调查测定，该土种的土壤测试平均值为：有机质22.49克/千克，全氮1.20克/千克，有效磷11.43毫克/千克，速效钾153.54毫克/千克，缓效钾689.32毫克/千克，pH为8.04，有效铜0.96毫克/千克，有效锌0.79毫克/千克，有效锰10.56毫克/千克，有效铁9.99毫克/千克，有效硼0.46毫克/千克，有效硫31.55毫克/千克。

③轻壤深位中沙砾层耕种洪积褐土性土。分布在蔺河两岸，俗称“夹沙黑干土”，面积为5 664.3亩。占普查土地面积的0.32%。

典型剖面1—18，取自北平镇下宝丰村，距下宝丰村北偏东70°，100米，农业利用方式为一年一作，种植玉米、谷子。剖面形态特征如下：

0～24厘米：暗褐色，轻壤，屑粒状结构，疏松，润，多植物根系，有多量虫粪，石灰反应微弱。

24～36厘米：暗褐色，轻壤，碎块状结构，疏松，润，多植物根系，石灰反应微弱。

36～80厘米：棕褐色，中壤偏轻，块状结构，紧实，润，有中量植物根系，有少量霜状碳酸钙淀积，石灰反应强烈。

80～125厘米：棕褐色，中壤，核块状结构，紧实，湿润，有少量霜状碳酸钙淀积，石灰反应中等。

125厘米以下：为沙砾层。

理化性状见表3-25。

表3-25 轻壤深位中沙砾层耕种洪积褐土性土剖面1—18土壤理化性状

层次（厘米）	有机质（克/千克）	全氮（克/千克）	C/N	全磷（克/千克）	代换量（me/百克土）	$CaCO_3$（克/千克）	pH	机械组成（%）	
								<0.01（毫米）	<0.001（毫米）
0～24	23.1	0.99	13.5	0.35	9.1	8.1	8.2	24.0	10.3
24～36	19.8	0.84	12.4	0.30	9.1	10.3	8.3	24.0	8.8
36～80	19.4	0.78	12.3	0.37	10.2	12.6	8.5	30.4	13.3
80～125	10.9	0.58	10.9	0.28	10.3	6.8	8.3	34.4	13.5

此种土壤系洪水淤积而成，在剖面下部可以见到霜状碳酸钙淀积，一米以下即出现沙砾石层。表土较肥，有机质含量较高，土壤水分状况也较好，是当地的高产地块。但施肥要注意采取“少量多次”的方法，以避免肥料损失。

据2009—2011年土壤调查测定，该土种的土壤测试平均值为：有机质22.96克/千克，全氮1.17克/千克，有效磷7.59毫克/千克，速效钾147.58毫克/千克，缓效钾692.29毫克/千克，pH为8.03，有效铜1.20毫克/千克，有效锌1.52毫克/千克，有效锰15.68毫克/千克，有效铁11.34毫克/千克，有效硼0.54毫克/千克，有效硫31.36毫克/千克。

（5）沟淤褐土性土：此类土壤由洪水淤积而成。由于洪水流经之处，山间坡地表土已风化成熟土，洪水挟带丰富的枯枝落叶、粪土和矿物养分等，遇障碍流速减低，淀积覆于地表，即成此土。因此，此类土壤自然肥力较高，表层土壤有机质为1%～1.5%，透水通气良好，耐旱耐涝，土体湿润，是群众喜欢的一类土壤。由于母质来源不同，表层质地有轻壤和中壤之分。

①轻壤耕种沟淤褐土性土。俗称“带沙子漫土”，面积为41 243.0亩，占普查总土地面积的2.33%。母质为黄土或花岗片麻岩和砂页岩的风化物等，表层质地为轻壤，或轻偏沙。

典型剖面5—07，采自石壁乡五马岭村，距吴家庄200米、北偏东10°，海拔830米，种植玉米，一年一作。剖面形态特征如下：

0～17厘米：灰褐色，轻壤，屑粒状结构，疏松，润，多植物根系，中量虫粪，石灰反应强烈。

17～23厘米：浅灰褐，轻壤偏沙，片状结构，紧实，润，中量植物根系，石灰反应强烈。

23～125厘米：深灰褐，轻壤偏沙，片状结构，稍紧，潮湿，少量植物根系，中量虫粪，石灰反应强烈；

125～150厘米：棕褐色，重壤，片状结构，紧实，潮湿，石灰反应强烈。

理化性状见表3-26。

表3-26　轻壤耕种沟淤褐土性土剖面5—07土壤理化性状

层次（厘米）	有机质（克/千克）	全氮（克/千克）	C/N	全磷（克/千克）	代换量（me/百克土）	$CaCO_3$（克/千克）	pH	机械组成（%）	
								<0.01（毫米）	<0.001（毫米）
0～17	6.6	0.47	8.3	0.40	8.0	101	8.4	30.0	10.1
17～23	2.8	0.24	6.8	0.38	6.0	76	8.5	20.7	11.4
23～125	4.1	0.35	6.8	0.47	6.5	53	8.4	21.6	8.2
125～150	3.2	0.30	6.2	0.39	11.3	108	8.3	56.7	16.9

②中壤耕种沟淤褐土性土。俗称“漫土”，面积为5 133.3亩，占普查总土地面积的0.29%。母质主要是红土、石灰岩质风化物或红黄土，表层质地为中壤。

典型剖面5—49，采自石壁乡石壁村，半沟村正北130米，海拔930米，种植作物为玉米。剖面形态特征如下：

0～19厘米：浅灰褐，中壤，屑粒状结构，疏松，稍润，有中量植物根系。

19～47厘米：深灰褐色，中壤偏轻，碎块状结构，稍紧，稍润，有少量石块。

47～105厘米：浅灰褐，轻壤偏沙，碎块状结构，紧实，潮，有少量植物根系和石块。

105～150厘米：深灰褐，轻壤偏沙，碎块状结构，紧实，潮，有少量植物根系和石块。

剖面通体无碳酸钙淀积，石灰反应强烈。理化性状见表3-27。

表 3-27　中壤耕种沟淤褐土性土剖面 5—49 土壤理化性状

层次（厘米）	有机质（克/千克）	全氮（克/千克）	C/N	全磷（克/千克）	代换量（me/百克土）	$CaCO_3$（克/千克）	pH	机械组成（%）	
								<0.01（毫米）	<0.001（毫米）
0～19	10.2	0.64	9.2	0.35	10.9	126	8.1	36.0	16.9
19～47	5.2	0.41	6.9	0.31	9.3	126	8.3	30.7	8.0
47～105	3.1	0.28	6.4	0.29	8.2	109	8.4	21.3	2.8
105～150	3.0	0.23	6.4	0.38	8.0	110	8.4	20.1	3.9

③轻壤耕种沟淤山地褐土。俗称“黑干土”，面积为 7 611.1 亩，占总土地面积的 0.43%。分布在永乐乡的管道，北平镇李子坪、大南坪、圪堆村和古阳镇的金堆村等处，位于较大河流的上游，由洪水在河道两岸淤积而成。

④中壤耕种沟淤山地褐土。俗称“红漫土”，面积为 1 239.1 亩，占总土地面积的 0.07%。分布在古阳镇的热留、横岭等处，位于沟坪地上，系坡上的红土或石灰岩质风化物，被洪水冲刷至低处，淤积而成。

中壤耕种沟淤山地褐土的典型剖面，取自古阳镇热留村，距漫沟村北偏东 10°，200 米处的沟坪地上，海拔 1 150 米，农业利用方式为一年一作，种植玉米。剖面形态特征如下：

0～19 厘米：灰褐色，中壤，屑粒结构，疏松，润，多植物根系，有少量灰渣，石灰反应强烈。

19～47 厘米：灰棕褐，中壤，块状结构，紧实，润，中量植物根系，夹有少量料姜和灰渣，石灰反应中等。

47～77 厘米：浅棕褐，重壤，棱块状结构，紧实，潮湿，有少量植物根系和少量料姜、灰渣，石灰反应微弱。

77～150 厘米：棕褐色，重壤，棱块状结构，紧实，潮湿，石灰反应微弱。

理化性状见表 3-28。

表 3-28　中壤耕种沟淤山地褐土土壤理化性状

层次（厘米）	有机质（克/千克）	全氮（克/千克）	C/N	全磷（克/千克）	代换量（me/百克土）	$CaCO_3$（克/千克）	pH	机械组成（%）	
								<0.01（毫米）	<0.001（毫米）
0～19	16.8	1.06	9.2	0.42	10.7	23	8.2	35.4	15.4
19～47	11.5	0.85	7.9	0.33	9.7	17.2	8.3	39.4	20.2
847～77	7.8	0.67	6.8	0.31	12.3	8.6	8.3	50.3	26.0
77～150	3.6	0.42	6.0	0.31	12.6	9.0	8.3	50.3	28.0

上述两种土壤均由洪水淤积而成，故而土壤肥力较高，水分状况也较好，产量水平较高，属于古县的旱涝保收田。

据2009—2011年土壤调查测定，该土种的土壤测试平均值为：有机质17.01克/千克，全氮0.97克/千克，有效磷13.07毫克/千克，速效钾157.45毫克/千克，缓效钾680.54毫克/千克，pH为8.17，有效铜0.99毫克/千克，有效锌0.90毫克/千克，有效锰11.81毫克/千克，有效铁8.17毫克/千克，有效硼0.47毫克/千克，有效硫28.68毫克/千克。

（三）红黏土

含红黏土1个土属、4个土种，分述如下。

①轻度侵蚀厚层红土质山地褐土。俗称“老红土”，面积为27 082.3亩，占普查面积的1.53%。主要分布在永乐乡木炭沟和官道一带山顶部。成土母质为第三纪红土，棱块状结构，质地中壤至重壤，剖面中有少量料姜，沿裂隙有黑色铁锰胶膜，石灰反应极为微弱。

典型剖面7—48，采自永乐乡金家凹木炭沟林场，距林场场部北偏东40°、50米，海拔1 030米，地形部位为梁地，自然植被生长有油松、蒿草等。剖面形态特征如下：

0～17厘米：棕褐色，重壤，屑粒状结构，稍紧，润，多植物根系，有少量虫粪，有微弱石灰反应。

17～88厘米：棕褐色，重壤，棱块状结构，紧实，润，有中量植物根系，和少量料姜，无石灰反应。

88～150厘米：棕褐色，重壤，棱块状结构，坚实，潮湿，有少量植物根系和料姜，无石灰反应。

理化性状见表3-29。

表3-29　轻度侵蚀厚层红土质山地褐土剖面7—48理化性状

层次（厘米）	有机质（克/千克）	全氮（克/千克）	C/N	全磷（克/千克）	代换量（me/百克土）	$CaCO_3$（克/千克）	pH	机械组成（%）	
								<0.01（毫米）	<0.001（毫米）
0～17	8.7	0.61	8.3	0.12	14.3	18	8.2	51.0	29.8
17～88	7.9	0.56	8.2	0.31	13.4	8.0	8.2	53.0	17.1
88～150	7.6	0.53	8.3	0.38	13.4	5.0	8.1	54.3	17.3

②中度侵蚀重壤红土质褐土性土。俗称“大红土”，面积为10 797.5亩，占普查总土地面积的0.61%。与耕种红土质褐土性土交错分布，一般集中于沟坡下部。此种土壤活土层更为浅薄，一般仅为20厘米左右，其下即为死土。

典型剖面3—07，取自岳阳镇南坡村，自唐凹村北偏东75°，距离500米，地形部位为坡中部，海拔980米，自然植被生长有白蒿、黄蒿、艾蒿、白草等草灌。剖面形态特征如下：

0～20厘米：黄褐色，重壤，屑粒状结构，疏松，稍润，多植物根系，有少量料姜，石灰反应中等。

20～30厘米：暗红褐色，重壤偏黏，棱块状结构，坚实，润，有少量植物根系，无石灰反应。

30～89厘米：棕褐色，黏土，棱块状，坚实，润，无石灰反应。

89～110 厘米：浅棕褐色，黏土，棱块状结构，坚实，润，无石灰反应。

110～150 厘米：棕褐色，黏土，棱块状结构，坚实，湿润，无石灰反应。

理化性状见表 3-30。

表 3-30　中度侵蚀重壤红土质褐土性土剖面 3—07 理化性状

层次（厘米）	有机质（克/千克）	全氮（克/千克）	C/N	全磷（克/千克）	代换量（me/百克土）	$CaCO_3$（克/千克）	pH	机械组成（%）	
								<0.01（毫米）	<0.001（毫米）
0～20	15.1	0.85	10.3	0.38	10.3	8.0	8.2	48.4	9.7
20～30	7.0	0.50	8.1	0.31	8.2	1.2	8.1	60.7	8.9
30～89	3.9	0.39	6.0	0.17	8.4	1.2	7.8	65.3	8.9
89～110	3.8	0.34	6.5	0.17	9.4	1.9	7.9	65.4	15.9
110～150	3.6	0.35	6.1	0.19	9.9	2.5	7.4	62.9	12.2

此种土壤农业利用价值很小，今后应搞好种草植树，保持水土。

据 2009—2011 年土壤调查测定，该土种的土壤测试平均值为：有机质 17.08 克/千克，全氮 1.00 克/千克，有效磷 11.36 毫克/千克，速效钾 155.84 毫克/千克，缓效钾 690.66 毫克/千克，pH 为 8.22，有效铜 1.02 毫克/千克，有效锌 1.02 毫克/千克，有效锰 12.40 毫克/千克，有效铁 8.29 毫克/千克，有效硼 0.53 毫克/千克，有效硫 29.68 毫克/千克。

③中壤厚层耕种红土质山地褐土。俗称“红胶泥”，面积为 6 549.3 亩，占普查面积的 0.37%，主要分布在古阳镇的热留、相力、金堆等村。

典型剖面 2—03，采自古阳镇热留村，距前南圪塔北偏东 80°、50 米处梁的上部，海拔 1 100 米，农业利用方式为一年一作，种植玉米。剖面形态特征如下：

0～15 厘米，浅棕褐色，中壤偏轻，屑粒状结构，疏松，润，多植物根系，有少量料姜，石灰反应中等。

15～40 厘米：浅棕褐色，中壤，块状结构，紧实，湿润，有中量植物根系，有少量料姜和灰渣，石灰反应中等。

40～103 厘米：深棕褐色，重壤，棱块状结构，坚实，湿润，有少量植物根系和石块，无石灰反应。

103～150 厘米：暗棕褐色，重壤，棱块状结构，坚实，湿润，无石灰反应。

理化性状见表 3-31。

表 3-31　中壤厚层耕种红土质山地褐土剖面 2—03 土壤理化性状

层次（厘米）	有机质（克/千克）	全氮（克/千克）	C/N	全磷（克/千克）	代换量（me/百克土）	$CaCO_3$（克/千克）	pH	机械组成（%）	
								<0.01（毫米）	<0.001（毫米）
0～15	19.7	1.02	11.2	0.34	9.3	3.3	8.2	30.8	10.3
15～40	13.0	0.73	10.3	0.25	10.6	3.3	8.4	40.4	9.5

（续）

层次（厘米）	有机质（克/千克）	全氮（克/千克）	C/N	全磷（克/千克）	代换量（me/百克土）	$CaCO_3$（克/千克）	pH	机械组成（%）	
								<0.01（毫米）	<0.001（毫米）
40～103	3.8	0.33	6.7	0.15	12.6	2.5	8.1	45.2	24.7
103～150	3.0	0.29	6.0	0.27	12.4	2.5	8.2	47.5	26.9

该土壤质地中壤至重壤，紧实黏重，耕作层浅薄，难以耕作，宜耕期短，难捉苗。土体通透性极差，孔隙少，多为棱块状结构，生物活动微弱，作物生长发育受到严重的影响。剖面中30～40厘米以下为死土，母质特征明显。今后应加深耕层，促其熟化，逐步退耕、还林还牧。

④重壤耕种红土质褐土性土。此种土壤主要集中分布在岳阳镇的下冶村、韩母村，古阳镇的乔家山村等，俗称“黏土”。面积为12 921.6亩，占普查总土地面积的0.73%。

此种土壤分布在黄土丘陵的上部，由于受古代侵蚀的影响，黄土全部遭到冲刷，裸露出第三纪黏土。这种红土，质地黏重，坚实而致密，通透性极差，孔隙小，多为棱块状结构，在结构面上有较多的铁锰胶膜，碳酸钙含量甚微，除耕层外，无石灰反应。表层浅薄，由于受人为耕作的影响，颜色呈棕褐色，小团块结构，质地为重壤。在30～40厘米以下，即为死土，暗红色，保持着红黏土的坚实、致密、棱块状结构等特点。由于生物活动微弱，植物根系穿插困难，故剖面下部很少有植物残根。

典型剖面3—44，采自岳阳镇韩母村，距沟南凹村北偏东40°，100米的坡上，海拔1 043米，种植小麦。剖面形态特征如下：

0～20厘米：浅棕褐色，重壤，小团粒结构，疏松，稍润，多植物根系，有强烈石灰反应。

20～47厘米：浅棕褐色，重壤，碎块状结构，紧实，润，多植物根系，有石灰反应。

47～113厘米：棕色，重壤，棱块状结构，坚实，润，有少量植物根系，无石灰反应，有黑色铁锰胶膜。

113～150厘米：暗红色，中壤偏重，棱块状结构，坚实，润，无石灰反应，有黑色铁锰胶膜。

理化性状见表3-32。

表3-32　重壤耕种红土质褐土性土剖面3—44土壤理化性状

层次（厘米）	有机质（克/千克）	全氮（克/千克）	C/N	全磷（克/千克）	代换量（me/百克土）	$CaCO_3$（克/千克）	pH	机械组成（%）	
								<0.01（毫米）	<0.001（毫米）
0～20	6.7	0.48	8.1	0.27	8.2	48	8.0	48.4	11.9
20～47	4.0	0.39	6.0	0.21	8.7	32	8.2	50.5	18.5
47～113	2.4	0.24	6.0	0.33	9.6	10	8.1	46.4	6.7
113～150	2.4	0.24	6.0	0.24	9.0	14	8.1	44.4	10.7

此种土壤的改良利用重点，应逐年深耕，增施有机肥，合理轮作，加厚活土层。

据2009—2011年土壤调查测定，该土种的土壤测试平均值为：有机质20.15克/千克，全氮1.09克/千克，有效磷9.28毫克/千克，速效钾156.61毫克/千克，缓效钾735.01毫克/千克，pH为8.11，有效铜0.96毫克/千克，有效锌0.82毫克/千克，有效锰11.42毫克/千克，有效铁9.00毫克/千克，有效硼0.51毫克/千克，有效硫25.28毫克/千克。

(四) 粗骨土

1. 中性粗骨土

含沙泥质中性粗骨土1个土属，下分2个土种。

①薄层砂页岩质粗骨性褐土。俗称“沙石土”，面积为27 259.4亩，占普查土地面积的1.54%，主要分布在四次山和涧河两岸的荒坡上。

典型剖面3—57，采自岳阳镇槐树村，槐树村北偏东70°，距离1 000米，位于坡的中部，坡度为25°，海拔900米。自然植被生长有白草、荆条等，覆盖度为30%。剖面形态特征如下：

0～25厘米：浅灰褐色，沙壤，无结构，疏松，润，多植物根系，多砾石，石灰反应强烈。

25～58厘米：为砂页岩的半风化物。

58厘米以下：为母岩。

理化性状见表3-33。

表3-33　薄层砂页岩质粗骨性褐土剖面3—57理化性状

层次（厘米）	有机质（克/千克）	全氮（克/千克）	C/N	全磷（克/千克）	代换量（me/百克土）	$CaCO_3$（克/千克）	pH	机械组成（%）	
								<0.01（毫米）	<0.001（毫米）
0～25	12.8	0.79	9.4	0.25	6.9	18.9	8.2	18.7	12.2

由于侵蚀严重，表土丧失，母岩外露，石渣、石砾占据了整个土体。植被遭到破坏，仅有一些稀疏矮小的酸枣、白草和白蒿、黄蒿等，土壤瘠薄，发育层次不明显，从表土起就夹有母质碎片。此类土壤为荒坡，应封山封沟，栽植耐贫瘠的草类和灌木，一方面保持水土，另一方面为林木和牧草的抚育创造条件。

②中度侵蚀薄层砂页岩质山地褐土。俗称“荒山沙土”，主要分布在蔺河两岸的山上和古阳镇、岳阳镇的东山上，面积为138 951.9亩，占普查土地面积的7.85%。自然植被多为酸刺、荆条、白草，覆盖度较差，侵蚀较重，土层浅薄，一般在20～30厘米，质地沙壤，一般无石灰反应，土壤颜色受母质影响很大，为紫色或黄绿色。此类土壤应注意发展草灌，增加植被覆盖，防止水土流失。

典型剖面1—28，采自北平镇贾寨村，距风沟口村北偏东50°的1 700米处。自然植被有油松、连翘、栎树等，覆盖度为50%，海拔1 300米，位于梁的顶部。剖面形态特征如下：

0～14厘米：紫褐色，轻偏沙，粒状结构，疏松，润，多虫粪，多植物根系。

14～26厘米：紫褐色，沙壤，粒状结构，松散，润，中量虫粪，多植物根系。

26～40 厘米：为砂页岩质半风化物。

40 厘米以下：为母质。

理化性状见表 3-34。

表 3-34　中度侵蚀薄层砂页岩质山地褐土剖面 1—28 土壤理化性状

层次（厘米）	有机质（克/千克）	全氮（克/千克）	C/N	全磷（克/千克）	代换量（me/百克土）	$CaCO_3$（克/千克）	pH	机械组成（%）	
								<0.01（毫米）	<0.001（毫米）
0～14	17.6	0.72	14.2	0.23	7.2	2.5	7.5	21.2	4.9
14～26	9.9	0.45	12.7	0.12	5.3	2.5	7.5	17.9	7.0

据 2009—2011 年土壤调查测定，该土种的土壤测试平均值为：有机质 22.68 克/千克，全氮 1.12 克/千克，有效磷 9.89 毫克/千克，速效钾 154.71 毫克/千克，缓效钾 710.07 毫克/千克，pH 为 8.06，有效铜 1.12 毫克/千克，有效锌 1.22 毫克/千克，有效锰 13.47 毫克/千克，有效铁 10.78 毫克/千克，有效硼 0.51 毫克/千克，有效硫 28.33 毫克/千克。

2. 钙质粗骨土　含钙质粗骨土 1 个土属，下分 3 个土种。

①轻度侵蚀薄层石灰岩质山地褐土。分布在古阳镇、岳阳镇等，位于石灰岩质山地淋溶褐土之下，面积为 80 716 亩，占普查面积的 4.56%。俗称“荒山黏土”。

典型剖面 1—28，采自古阳镇热留村，热留村北偏东 10°的 450 米处阳坡上，位于坡的中部，自然植被有侧柏、荆条、白草等，海拔 1 005 米。剖面形态特征如下：

0～12 厘米：灰褐色，中壤偏轻，屑粒结构，疏松，稍润，多植物根系，夹有母质石块。

12～28 厘米：红棕色，中壤，碎块状结构，紧实，润，多植物根系，夹有母质石块。

28～37 厘米：为半风化物。

37 厘米以下：为石灰岩母岩。

理化性状见表 3-35。

表 3-35　轻度侵蚀薄层石灰岩质山地褐土剖面 1—28 土壤理化性状

层次（厘米）	有机质（克/千克）	全氮（克/千克）	C/N	全磷（克/千克）	代换量（me/百克土）	$CaCO_3$（克/千克）	pH	机械组成（%）	
								<0.01（毫米）	<0.001（毫米）
0～12	20.7	1.40	8.6	0.25	11.4	59	8.1	30.6	18.6
12～28	12.1	0.93	7.6	0.27	10.4	38	8.1	42.6	33.1

此土发育在石灰岩上，故全剖面石灰反应强烈，土壤质地中壤，表层为腐殖质层，颜色灰褐，过渡层的颜色为棕褐色或红棕色，因土层薄，淀积层消失。

②薄层石灰岩质山地淋溶褐土。典型剖面 2—33，采自古阳镇凌云村石滩，距青家庄西偏北 23°的 400 米处山坡上，海拔 1 400 米，自然植被有栎树、连翘等，覆盖度 70%左右。剖面形态特征如下：

0～4 厘米：为枯枝落叶层。

4～10 厘米：黑褐，中壤，团粒结构，疏松，潮湿，多植物根系，有中量石灰，无石灰反应。

10～20 厘米：灰棕褐，重壤，棱块状结构，稍松，潮湿，多植物根系，有中量石灰，无石灰反应。

20 厘米以下：为石灰岩的半风化物和母岩。

据 2009—2011 年土壤调查测定，该土种的土壤测试平均值为：有机质 23.52 克/千克，全氮 1.19 克/千克，有效磷 10.42 毫克/千克，速效钾 163.04 毫克/千克，缓效钾 762.04 毫克/千克，pH 为 7.93，有效铜 1.11 毫克/千克，有效锌 1.12 毫克/千克，有效锰 13.7 毫克/千克，有效铁 13.32 毫克/千克，有效硼 0.51 毫克/千克，有效硫 29.74 毫克/千克。

③中层石灰岩质山地淋溶褐土。俗称“山林红胶泥”。在北平镇主要分布在中部和北部，位于山地棕壤的下面；在古阳镇、岳阳镇主要分布在西部，位于花岗片麻岩质山地淋溶褐土的下面。

此土土质细而土层薄，植被好，覆盖度大。由于母岩关系下层有微弱的石灰反应。

典型剖面 2—71，位于龙岩寺正南 2 000 米处，海拔 1 500 米，地形部位为梁的上部，植被以栎树为主，还有油松等，覆盖度 70%以上。剖面形态特征如下：

0～5 厘米：为枯枝落叶层。

5～20 厘米：暗褐色，中壤土，团粒结构，疏松，润，多虫粪，多植物根系，无石灰反应。

20～33 厘米：深棕褐，中壤土，核块状结构，紧实，润，多植物根系，有中量虫粪，无石灰反应。

33～50 厘米：深棕褐，中壤土，核块状结构，紧实，潮湿，有少量植物根系，无石灰反应。

50～67 厘米：深棕褐，重壤，核块状结构，紧实，潮湿，有少量植物根系，有弱石灰反应。

67～80 厘米：为半风化石灰岩。

80 厘米以下：为母质。

理化性状见表 3-36。

表 3-36　中层石灰岩质山地淋溶褐土剖面 2—71 土壤理化性状

层次（厘米）	有机质（克/千克）	全氮（克/千克）	C/N	全磷（克/千克）	代换量（me/百克土）	$CaCO_3$（克/千克）	pH	机械组成（%）	
								<0.01（毫米）	<0.001（毫米）
5～20	101.2	5.78	11.2	0.52	31.9	1.3	6.7	34.8	13.5
20～33	68.3	3.67	10.8	0.37	26.9	1.5	6.7	40.0	13.5
33～50	33.2	1.64	9.5	0.21	25.8	2.0	7.5	37.6	14.3
50～67	22.8	1.37	9.4	0.29	30.2	13.1	7.8	56.8	37.0

据2009—2011年土壤调查测定，该土种的土壤测试平均值为：有机质24.31克/千克，全氮1.29克/千克，有效磷9.62毫克/千克，速效钾174.20毫克/千克，缓效钾771.85毫克/千克，pH为7.95，有效铜1.35毫克/千克，有效锌1.56毫克/千克，有效锰16.36毫克/千克，有效铁14.55毫克/千克，有效硼0.62毫克/千克，有效硫28.11毫克/千克。

（五）潮土

潮土1个亚类，洪冲积潮土1个土属。

位于涧河两岸的高河漫滩和一级阶地上。成土母质为近代河流的洪积、冲积物，地下水位0.3～2米。

潴育化过程是该土的主导成土过程，其实质是由于地下水位随季节性降水而上下移动，土壤干湿交替，导致氧化过程和还原过程交替发生，使土壤中易变价的铁、锰离子，在土壤受水浸渍时还原，呈低价状态存在，随水迁移；在土壤干燥时，这些还原物质又被氧化，形成高价氧化物并在土壤中淀积。因此，在土壤剖面的干湿交替层段，就出现了锈纹、锈斑等高价氧化物的淀积斑。

典型剖面4—106，为轻壤底沙砾耕种浅色草甸土，采自岳阳镇城关村，玉皇圪塔北偏东30°，距离30米，位于涧河一级阶地上，海拔700米，种植方式为一年两作，种植玉米和冬麦。剖面形态特征如下：

0～30厘米：灰褐色，轻壤，屑粒结构，稍紧，润，多植物根系，有少量灰渣，石灰反应强烈。

30～48厘米：灰褐色，轻壤偏中，块状结构，稍紧，潮湿，多植物根系，有少量灰渣，石灰反应强烈。

48～66厘米：灰白褐，沙壤，团粒状，松散，潮湿，有中量植物根系，无石灰反应。

66～82厘米：浅灰褐，轻壤偏中，层状结构，紧实，湿，有少量植物根系，有多量锈纹锈斑，石灰反应中等。

82～105厘米：浅灰褐，中壤，层状结构，紧实，湿，有少量植物根系，有中量锈纹锈斑，石灰反应中等。

105厘米以下：为砾石层。

此类土壤受地下水的影响，土体湿润，水分状况良好，但有时水位过高，影响耕作与播种。

根据土层厚度和土体构型的不同，洪冲积潮土划分为2个土种。

（1）轻壤底沙砾耕种浅色草甸土：俗称“夹沙淤漫土”，面积1 947.1亩，占普查总土地面积的0.11%。这种土壤生产中的主要问题是土壤贫瘠，养分含量比较低，表层有机质含量一般小于1%；土层浅薄，一般只有40～80厘米，以下即为沙砾层，漏水漏肥。改良利用的主要措施是引洪灌淤。这样既能加厚土层，又可以提高土壤肥力，并注意采用“少量多次”的施肥方法。

（2）轻壤耕种浅色草甸土：俗称“淤漫土”，面积9 912.5亩，占普查总土地面积的0.56%。此种土壤土层较厚，沙砾层出现在1.5米以下，因而比较肥沃，应注意加强农田水利基本建设，实现园田化，建成高产稳产田。理化性状见表3-37。

表 3-37 轻壤耕种浅色草甸土剖面 4—106 土壤理化性状

层次（厘米）	有机质（克/千克）	全氮（克/千克）	C/N	全磷（克/千克）	代换量（me/百克土）	$CaCO_3$（克/千克）	pH	机械组成（%）	
								<0.01（毫米）	<0.001（毫米）
0～30	7.2	0.31	13.9	0.27	8.9	64	8.3	21.2	4.9
30～48	7.3	0.32	13.2	0.29	8.6	62	8.5	29.2	7.5
48～66	3.0	0.11	10.5	0.22	7.1	51	8.5	19.6	8.3
66～82	3.0	0.30	6.0	0.24	9.0	53	8.4	29.6	9.1
82～105	3.0	0.30	6.0	0.28	9.5	55	8.3	31.8	8.1

据 2009—2011 年土壤调查测定，该土种的土壤测定平均值为：有机质 22.49 克/千克，全氮 1.05 克/千克，有效磷 13.90 毫克/千克，速效钾 178.30 毫克/千克，缓效钾 640.44 毫克/千克，pH 为 8.17，有效铜 1.00 毫克/千克，有效锌 1.01 毫克/千克，有效锰 10.96 毫克/千克，有效铁 8.07 毫克/千克，有效硼 0.52 毫克/千克，有效硫 33.37 毫克/千克。

第二节 有机质及大量元素

土壤大量元素背景值的表达方式以各统计单元养分汇总结果的算术平均值和标准差来表示，分别以单体 N、P、K 表示。表示单位：有机质、全氮用克/千克表示，有效磷、速效钾、缓效钾用毫克/千克表示。

土壤有机质、全氮、有效磷、速效钾等以《山西省耕地土壤养分含量分级参数表》为标准各分 6 个级别，见表 3-38。

表 3-38 山西省耕地地力土壤养分耕地标准

级别	Ⅰ	Ⅱ	Ⅲ	Ⅳ	Ⅴ	Ⅵ
有机质（克/千克）	>25.00	20.01～25.00	15.01～20.00	10.01～15.00	5.01～10.00	≤5.00
全氮（克/千克）	>1.50	1.201～1.50	1.001～1.200	0.701～1.000	0.501～0.700	≤0.50
有效磷（毫克/千克）	>25.00	20.01～25.00	15.1～20.0	10.1～15.0	5.1～10.0	≤5.0
速效钾（毫克/千克）	>250	201～250	151～200	101～150	51～100	≤50
缓效钾（毫克/千克）	>1200	901～1200	601～900	351～600	151～350	≤150
阳离子代换量（厘摩尔/千克）	>20.00	15.01～20.00	12.01～15.00	10.01～12.00	8.01～10.00	≤8.00
有效铜（毫克/千克）	>2.00	1.51～2.00	1.01～1.51	0.51～1.00	0.21～0.50	≤0.20
有效锰（毫克/千克）	>30.00	20.01～30.00	15.01～20.00	5.01～15.00	1.01～5.00	≤1.00
有效锌（毫克/千克）	>3.00	1.51～3.00	1.01～1.50	0.51～1.00	0.31～0.50	≤0.30
有效铁（毫克/千克）	>20.00	15.01～20.00	10.01～15.00	5.01～10.00	2.51～5.00	≤2.50
有效硼（毫克/千克）	>2.00	1.51～2.00	1.01～1.50	0.51～1.00	0.21～0.50	≤0.20
有效钼（毫克/千克）	>0.30	0.26～0.30	0.21～0.25	0.16～0.20	0.11～0.15	≤0.10
有效硫（毫克/千克）	>200.00	100.1～200	50.1～100.0	25.1～50.0	12.1～25.0	≤12.0

（续）

级别	Ⅰ	Ⅱ	Ⅲ	Ⅳ	Ⅴ	Ⅵ
有效硅（毫克/千克）	＞250.0	200.1～250.0	150.1～200.0	100.1～150.0	50.1～100.0	≤50.0
交换性钙（克/千克）	＞15.00	10.01～15.00	5.01～10.0	1.01～5.00	0.51～1.00	≤0.50
交换性镁（克/千克）	＞1.00	0.76～1.00	0.51～0.75	0.31～0.50	0.06～0.30	≤0.05

一、含量与分级

（一）有机质

古县耕地土壤有机质含量在7.8～45.8克/千克，平均值为16.19克/千克，属三级水平。见表3-39。

（1）不同行政区域：北平镇最高，平均值为25.33克/千克；其次是古阳镇，平均值为22.43克/千克；最低是南垣乡，平均值为13.36克/千克。

（2）不同地形部位：沟谷地最高，平均值为19.39克/千克；其次丘陵低山中、下部及坡麓平垣地，平均值为16.98克/千克；最低是低山丘陵坡地，平均值为14.8克/千克。

（3）不同母质：红土母质最高，平均值为16.73克/千克；最低是黄土母质，平均值为15.82克/千克。

（4）不同土壤类型：淋溶褐土最高，平均值为24.56克/千克；其次是潮土，平均值为22.49克/千克；石灰性褐土最低，平均值为14.05克/千克。

（二）全氮

古县土壤全氮含量在0.38～1.71克/千克，平均值为0.948克/千克，属四级水平。见表3-39。

（1）不同行政区域：北平镇最高，平均值为1.27克/千克；其次是南垣乡，平均值均为1.16克/千克；最低是旧县镇，平均值为0.84克/千克。

（2）不同地形部位：丘陵低山中、下部及坡麓平垣地最高，平均值为0.976克/千克；最低是低山丘陵坡地，平均值为0.9克/千克。

（3）不同母质：红土母质最高，平均值为0.953克/千克；其次是黄土母质，平均值为0.945克/千克。

（4）不同土壤类型：淋溶褐土最高，平均值为1.312克/千克；最低是石灰性褐土，平均值为0.861克/千克。

（三）有效磷

古县有效磷含量在2.97～39.29毫克/千克，平均值为13.46毫克/千克，属四级水平。见表3-39。

（1）不同行政区域：南垣乡最高，平均值为15.89毫克/千克；其次是旧县乡，平均值为14.87毫克/千克；最低是北平镇，平均值为8.72毫克/千克。

（2）不同地形部位：沟谷地最高，平均值为14.83毫克/千克；其次是低山丘陵坡地，平均值为14.51毫克/千克；最低是丘陵低山中、下部及坡麓平垣地，平均值为13.0毫克/千克。

表 3-39　古县耕地土壤有机质、全氮及有效磷分类统计结果

类别		有机质（克/千克）		全氮（克/千克）		有效磷（毫克/千克）	
		平均值	区域值	平均值	区域值	平均值	区域值
行政区域	北平镇	25.33	12.65～45.80	1.27	0.93～1.71	8.72	2.97～24.72
	古阳镇	22.43	12.98～39.2	1.09	0.64～1.71	10.19	5.1～20.43
	岳阳镇	16.86	8.79～37.55	0.93	0.52～1.46	13.59	4.62～39.29
	旧县乡	13.72	9.12～20.67	0.84	0.55～1.33	14.87	6.42～31.37
	石壁乡	13.60	9.12～20.34	0.93	0.57～1.46	13.10	4.95～27.74
	永乐乡	14.06	10～19.96	0.85	0.65～1.20	14.18	7.74～30.71
	南垣乡	13.36	7.8～19.63	1.16	0.38～1.46	15.89	3.3～34.34
土壤类型	潮土	22.49	16.99～37.55	1.053	0.72～1.46	13.90	7.08～29.72
	褐土性土	15.13	7.8～45.8	0.92	0.38～1.71	13.95	3.63～39.29
	红黏土	19.04	10.34～38.21	1.056	0.62～1.33	10.03	5.43～19.72
	淋溶褐土	24.56	12.65～31.94	1.312	0.93～1.71	8.97	3.96～18.4
	石灰性褐土	14.05	9.45～27.32	0.861	0.51～1.46	15.27	3.3～28.4
地形部位	低山丘陵坡地	14.80	8.79～40.52	0.90	0.54～1.59	14.51	3.63～34.34
	沟谷地	19.39	13.32～37.55	0.93	0.72～1.20	14.83	7.41～29.72
	黄土丘陵沟谷、坡麓及缓坡	16.78	8.79～45.8	0.964	0.38～1.71	13.37	3.3～31.37
	丘陵低山中、下部及坡麓平垣地	16.98	7.8～38.54	0.976	0.52～1.71	13.00	2.97～39.29
	山地、丘陵（中、下）部的缓坡地段，地面有一定的坡度	15.55	9.12～43.82	0.927	0.55～1.59	13.68	3.96～33.02
土壤母质	黄土母质	15.82	7.8～40.19	0.945	0.38～1.59	13.13	2.97～31.37
	红土母质	16.73	8.79～45.8	0.953	0.52～1.71	13.94	3.96～39.29

注：以上统计结果依据 2009—2011 年古县测土配方施肥项目土样化验结果。

（3）不同母质：最高是红土母质，平均值为 13.94 毫克/千克；最低是黄土母质，平均值为 13.13 毫克/千克。

（4）不同土壤类型：石灰性褐土平均值最高，为 15.27 毫克/千克；其次是褐土性土，平均值为 13.95 毫克/千克；最低是淋溶褐土，平均值为 8.97 毫克/千克。

（四）速效钾

古县土壤速效钾含量在 81～506 毫克/千克，平均值 150.45 毫克/千克，属四级水平。见表 3-40。

（1）不同行政区域：岳阳镇最高，平均值为 175.72 毫克/千克；其次是北平镇，平均值为 154.31 毫克/千克；最低是永乐乡，平均值为 136.61 毫克/千克。

（2）不同地形部位：沟谷地最高，平均值为 161.97 毫克/千克；其次是丘陵低山中、下部及坡麓平垣地，平均值为 151.12 毫克/千克；最低是黄土丘陵沟谷、坡麓及缓坡，平均值为 148.28 毫克/千克。

（3）不同母质：最高为红土母质，平均值为 159.05 毫克/千克；最低是黄土母质，平

均值为 144.68 毫克/千克。

（4）不同土壤类型：潮土最高，平均值为 178.3 毫克/千克；其次是淋溶褐土，平均值为 165.28 毫克/千克；最低是石灰性褐土，平均值为 143.54 毫克/千克。

表 3-40　古县耕地土壤有速效钾和缓效钾分类统计结果

类别		速效钾（毫克/千克）		缓效钾（毫克/千克）	
		平均值	区域值	平均值	区域值
行政区域	北平镇	154.31	91.36～274.18	737.07	500～1 120
	古阳镇	148.52	89.2～506	708.21	367.6～960.8
	岳阳镇	175.72	80.56～320.55	711.59	451～981
	旧县乡	137.33	94～237	643.73	384～860
	石壁乡	145.32	87～274	625.4	401～840
	永乐乡	136.61	96～297	628.22	384～860
	南垣乡	151.04	89～297	672.07	451～900
土壤类型	潮土	178.3	136.9～233.7	640.44	434～800.3
	褐土性土	148.7	87～321	661.6	384～1 120
	红黏土	156.33	101～244	718.95	368～880
	淋溶褐土	165.28	104～274	786.4	600～1 100
	石灰性褐土	143.54	96～297	657.8	401～900
地形部位	低山丘陵坡地	150.87	85～460	679.23	451～1 001
	沟谷地	161.97	127～201	687.34	467～880
	黄土丘陵沟谷、坡麓及缓坡	148.28	89～506	683.53	401～1 120
	丘陵低山中、下部及坡麓平垣地	151.12	83～321	674.02	368～1 021
	山地、丘陵（中、下）部的缓坡地段，地面有一定的坡度	150.06	81～390	662.89	384～1 080
土壤母质	黄土母质	144.68	85～506	653.16	368～1120
	红土母质	159.05	81～321	698.83	384～1 100

注：以上统计结果依据 2009—2011 年古县测土配方施肥项目土样化验结果。

（五）缓效钾

古县土壤缓效钾含量在 368～1 120 毫克/千克，平均值为 671.52 毫克/千克，属三级水平。见表 3-40。

（1）不同行政区域：北平镇最高，平均值为 737.07 毫克/千克；其次是岳阳镇，平均值为 711.59 毫克/千克；石壁乡最低，平均值为 625.4 毫克/千克。

（2）不同地形部位：沟谷地最高，平均值为 687.34 毫克/千克；其次是黄土丘陵沟谷、坡麓及缓坡，平均值为 683.53 毫克/千克；最低是山地和丘陵中、下部的缓坡地段，地面有一定的坡度，平均值为 662.89 毫克/千克。

（3）不同母质：红土母质最高，平均值为 698.83 毫克/千克；黄土母质最低，平均值为 653.16 毫克/千克。

(4) 不同土壤类型：淋溶褐土最高，平均值为786.4毫克/千克；其次是红黏土，718.95毫克/千克，潮土最低，平均值为640.44毫克/千克。

二、有机质及大量元素分级论述

(一) 有机质

Ⅰ级 有机质含量在25.0克/千克以上，面积为12 943.35亩，占总耕地面积的5.39%。主要分布于北平镇北部山区，古阳镇以及岳阳镇有零星分布，种植小麦、玉米、蔬菜、果树等作物。

Ⅱ级 有机质含量在20.01～25.0克/千克，面积为27 764.81亩，占总耕地面积的11.57%。主要分布在北平镇及古阳镇、岳阳镇的大部分区域，种植小麦、玉米等作物。

Ⅲ级 有机质含量在15.01～20.0克/千克，面积为46 367.23亩，占总耕地面积的19.32%。全县7个乡（镇）都有零星分布。种植小麦、玉米、果树等作物。

Ⅳ级 有机质含量在10.01～15.0克/千克，面积为152 113.18亩，占总耕地面积的63.38%。全县7个乡（镇）的大部区域都有分布，主要作物有小麦、玉米、蔬菜和果树等。

Ⅴ级 有机质含量在5.01～10.1克/千克，面积为797.66亩，占总耕地面积的0.34%。全县区域有零星分布，主要作物有小麦、玉米、和果树等。

Ⅵ级 全县无分布。

(二) 全氮

Ⅰ级 全氮量>1.50克/千克，面积为857.83，占总耕地面积的0.36%。

Ⅱ级 全氮含量在1.201～1.50克/千克，面积为27 770.59亩，占总耕地面积的11.57%。主要分布于北平镇和古阳镇的黄土丘陵沟谷、坡麓及缓坡和丘陵低山（中、下部）及坡麓平坦地大部分地区，主要作物有小麦、玉米等。

Ⅲ级 全氮含量在1.001～1.20克/千克，面积为36 659.29亩，占总耕地面积的15.28%。主要分布在山地丘陵中、下部的缓坡地段，地面有一定的坡度；黄土丘陵沟谷、坡麓及缓坡；丘陵低山中、下部及坡麓平坦地大部分地区，主要作物有小麦、玉米、果树等。

Ⅳ级 全氮含量在0.701～1.000克/千克，面积为156 715.47亩，占总耕地面积的65.30%。主要分布于全县7个乡（镇）的低山丘陵坡地和黄土丘陵沟谷、坡麓及缓坡；丘陵低山中、下部及坡麓平坦地；山地丘陵中、下部的缓坡地段，地面有一定的坡度，主要作物有小麦、玉米、蔬菜、果树等。

Ⅴ级 全氮含量在0.501～0.70克/千克，面积为17 859.31亩，占总耕地面积的7.44%。分布在岳阳镇、旧县镇、南垣乡部分地带，作物有小麦、玉米等。

Ⅵ级 全氮含量≤0.5克/千克，面积为123.74亩，占总耕地面积的0.05%。主要作物为小麦等。

(三) 有效磷

Ⅰ级 有效磷含量>25.00毫克/千克。全县面积2 235.86亩，占总耕地面积的0.93%。主要分布岳阳镇、南垣乡、永乐乡大井沟村地带，主要作物有小麦、玉米、谷子等。

Ⅱ级 有效磷含量在20.1～25.00毫克/千克。全县面积15 083.23亩，占总耕地面积的6.29%。主要分布在岳阳镇、旧县镇、南垣乡、永乐乡大井沟村的大部分地带，作物有小麦、玉米、谷子、蔬菜、果树等。

Ⅲ级　有效磷含量在15.1～20.0毫克/千克，全县面积63 576.28亩，占总耕地面积的26.49%。主要分布在南垣乡，其他乡（镇）大部分地带有零星分布，主要作物有小麦、玉米、谷子、蔬菜、果树等。

Ⅳ级　有效磷含量在10.1～15.0毫克/千克。全县面积111 910.34亩，占总耕地面积的46.63%。全县7个乡（镇）都有广泛分布，作物有小麦、玉米、蔬菜。

Ⅴ级　有效磷含量在5.1～10.0毫克/千克。全县面积45 196.34亩，占总耕地面积的18.83%。全县7个乡（镇）有零星分布，主要作物为小麦、玉米、谷子、蔬菜。

Ⅵ级　有效磷含量≤5.0毫克/千克，全县面积1 984.18亩，占总耕地面积的0.83%。

（四）速效钾

Ⅰ级　速效钾含量>250毫克/千克，全县面积1 313.67亩，占总耕地面积的0.55%。主要在北平镇、古阳镇、南垣乡零星分布以及岳阳镇的天池村、哲才村地带也有分布，作物为小麦、玉米、果树。

Ⅱ级　速效钾含量在201～250毫克/千克，全县面积13 284.97亩，占总耕地面积的5.54%。主要分布在北平镇的芦家庄村、千佛沟村、交里村和岳阳镇的哲才村、韩母村、下冶村、天池村以及南垣乡的芦家山村的丘陵地带，作物有小麦、玉米、蔬菜。

Ⅲ级　速效钾含量在151～200毫克/千克，全县面积82 129.3亩，占总耕地面积的34.22%。主要分布在北平镇和南垣乡的大部分地带，作物有小麦、玉米、蔬菜、果树。

Ⅳ级　速效钾含量在101～150毫克/千克，全县面积140 810.92亩，占总耕地面积的58.67%。全县分布较广，各乡（镇）都有分布，作物有小麦、玉米、谷子、蔬菜、药材、果树。

Ⅴ级　速效钾含量在51～100毫克/千克，全县面积2 447.37亩，占总耕地面积的1.02%。主要分布在石壁乡、永乐乡，全部为大田，作物以小麦、玉米为主。

Ⅵ级　速效钾含量≤50毫克/千克，全县无分布。

（五）缓效钾

Ⅰ级　缓效钾含量>1 200毫克/千克，全县无分布。

Ⅱ级　缓效钾含量在901～1 200毫克/千克，全县面积1 549.34亩，占总耕地面积的0.65%。分布在北平镇的芦家庄村、交里村、下宝丰村以及岳阳镇有零星分布，作物有玉米、小麦、蔬菜等。

Ⅲ级　缓效钾含量在601～900毫克/千克，全县面积191 287.32亩，占总耕地面积为79.70%。广泛分布在全县7个乡（镇），作物有小麦、玉米、谷子、蔬菜等。

Ⅳ级　缓效钾含量在351～600毫克/千克，全县面积47 149.57亩，占总耕地面积的19.65%。全县7个乡（镇）都有零星分布，主要作物有小麦、玉米。

Ⅴ级　缓效钾含量为151～350毫克/千克，全县无分布。

Ⅵ级　缓效钾含量≤150毫克/千克，全县无分布。

古县耕地土壤大量元素分级面积及占耕地面积百分比见表3-41。

表 3-41　古县耕地土壤大量元素分级面积及占耕地面积百分比

级别		Ⅰ	Ⅱ	Ⅲ	Ⅳ	Ⅴ	Ⅵ
有机质	面积（亩）	12 943.35	27 764.81	46 367.23	152 113.18	797.66	0
	占耕地比例（%）	5.39	11.57	19.32	63.38	0.34	0
全氮	面积（亩）	857.83	27 770.59	36 659.29	156 715.47	17 859.31	123.74
	占耕地比例（%）	0.36	11.57	15.28	65.30	7.44	0.05
有效磷	面积（亩）	2 235.86	15 083.23	63 576.28	111 910.34	45 196.34	1 984.18
	占耕地比例（%）	0.93	6.29	26.49	46.63	18.83	0.83
速效钾	面积（亩）	1 313.67	13 284.97	82 129.3	140 810.92	2 447.37	0
	占耕地比例（%）	0.55	5.54	34.22	58.67	1.02	0
缓效钾	面积（亩）	0	1 549.34	191 287.32	47 149.57	0	0
	占耕地比例（%）	0	0.65	79.70	19.65	0	0

第三节　中量元素

中量元素背景值的表达方式以各统计单元养分汇总结果的算术平均值和标准差来表示。以单体 S 表示，表示单位：用毫克/千克来表示。

2009—2011 年，测土配方施肥项目只进行了土壤有效硫的测试，交换性钙、交换性镁没有测试，所以只是统计了有效硫的情况。由于有效硫目前全国范围内仅有酸性土壤临界值，因而只能根据养分含量的具体情况进行级别划分，分 6 个级别，见表 3-38。

一、含量与分布

古县土壤有效硫含量在 3.68～93.34 毫克/千克，平均值为 29.74 毫克/千克，属四级水平。见表 3-42。

表 3-42　古县耕地土壤有效硫含量与分布统计

类别		有效硫（毫克/千克）	
		平均值	区域值
行政区域	北平镇	30.12	9.2～63.4
	古阳镇	24.5	9.89～83.36
	岳阳镇	29.32	9.2～93.34
	石壁乡	33.57	17.26～60.08
	旧县镇	29.04	11.27～63.4
	永乐乡	29.92	17.26～60.08
	南垣乡	30.75	3.68～70.06

（续）

类别		有效硫（毫克/千克）	
		平均值	区域值
地形部位	低山丘陵坡地	29.86	3.68～80.04
	沟谷地	34.05	17.26～63.4
	黄土丘陵沟谷、坡麓及缓坡	30.29	9.2～83.36
	丘陵低山中、下部及坡麓平垣地	29.48	8.51～93.34
	山地、丘陵（中、下）部的缓坡地段，地面有一定的坡度	29.83	5.06～86.69
土壤类型	褐土性土	29.9	3.68～93.34
	红黏土	26.88	9.2～56.75
	淋溶褐土	30.61	9.2～56.75
	石灰性褐土	30.36	14.68～60.08
	潮土	33.37	18.98～63.4
土壤母质	黄土母质	30.39	3.68～93.34
	红土母质	28.76	9.2～83.36

注：以上统计结果依据 2009—2011 年古县测土配方施肥项目土样化验结果。

（1）不同行政区域：石壁乡最高，平均值为 33.57 毫克/千克；其次是南垣乡，平均值为 30.75 毫克/千克；最低是古阳镇，平均值为 24.5 毫克/千克。

（2）不同地形部位：沟谷地最高，平均值为 34.05 毫克/千克；其次是黄土丘陵沟谷、坡麓及缓坡，平均值为 30.29 毫克/千克；最低是丘陵低山中、下部及坡麓平垣地，平均值为 29.48 毫克/千克。

（3）不同母质：黄土母质最高，平均值为 30.39 毫克/千克；其次是红土母质，平均值为 28.76 毫克/千克。

（4）不同土壤类型：潮土最高，平均值为 33.37 毫克/千克；其次是淋溶褐土，平均值为 30.61 毫克/千克；最低是红黏土，平均值为 26.88 毫克/千克。

二、分级论述

Ⅰ级　有效硫含量＞200.0 毫克/千克，全县无分布。

Ⅱ级　有效硫含量在 100.1～200.0 毫克/千克，全县无分布。

Ⅲ级　有效硫含量在 50.1～100 毫克/千克，全县面积为 4 773.62 亩，占总耕地面积的 1.99％。分布在岳阳镇哲才村，旧县镇尧店村，北平镇，永乐乡，南垣乡有少量分布。作物为小麦、玉米等。

Ⅳ级　有效硫含量在 25.1～50 毫克/千克，全县面积为 176 208.48 亩，占总耕地面积的 73.42％。全县 7 个乡（镇）都有分布，且分布较广。作物有小麦、玉米、谷子、蔬菜等。

Ⅴ级　有效硫含量在 12.1～25.0 毫克/千克，全县面积为 58 624.36 亩，占总耕地面积的24.43%。主要分布在北平镇北平村、千佛沟村、上宝丰村、交里村和古阳镇的横岭村、金堆村，其余乡（镇）有零星分布。作物为小麦、玉米、蔬菜。

Ⅵ级　有效硫含量≤12.0毫克/千克，全县面积为379.77亩，占总耕地面积的0.16%。主要分布在南垣乡农厂村和韩家岭村。作物主要为小麦、玉米。

古县耕地土壤有效硫分级面积统计见表3-43。

表3-43　古县耕地土壤有效硫分级面积统计

有效硫分级	Ⅰ	Ⅱ	Ⅲ	Ⅳ	Ⅴ	Ⅵ
面积（亩）	0	0	4 773.62	176 208.48	58 624.36	379.77
占耕地比例（%）	0	0	1.99	73.42	24.43	0.16

第四节　微量元素

土壤微量元素背景值的表达方式以各统计单元养分汇总结果的算术平均值和标准差来表示，分别以单体Cu、Zn、Mn、Fe、B表示。表示单位为毫克/千克。

土壤微量元素参照全省第二次土壤普查的标准，对古县土壤养分含量状况进行划分，各分6个级别，见表3-38。

一、含量与分布

（一）有效铜

古县土壤有效铜含量在0.43～2.99毫克/千克，平均值0.98毫克/千克，属四级水平。见表3-44。

（1）不同行政区域：北平镇最高，平均值为1.36毫克/千克；其次是永乐乡，平均值为1.02毫克/千克；南垣乡、旧县镇、石壁乡最低，平均值为0.90毫克/千克。

（2）不同地形部位：沟谷地最高，平均值为1.06毫克/千克；最低是低山丘陵坡地，平均值为0.94毫克/千克。

（3）不同母质：红土母质最高，平均值为1.01毫克/千克；最低是黄土母质，平均值为0.95毫克/千克。

（4）不同土壤类型：淋溶褐土最高，平均值为1.4毫克/千克；其次是潮土，平均值为1.0毫克/千克；最低是石灰性褐土，平均值为0.94毫克/千克。

（二）有效锌

古县土壤有效锌含量在0.15～4.4毫克/千克，平均值为0.84毫克/千克，属四级水平。见表3-44。

（1）不同行政区域：北平镇最高，平均值为1.67毫克/千克；其次是岳阳镇，平均值为0.94毫克/千克；最低是旧县镇与石壁乡，平均值为0.64毫克/千克。

（2）不同地形部位：沟谷地最高，平均值为0.97毫克/千克；其次是丘陵低山中、下部及坡麓平垣地，平均值为0.88毫克/千克；最低是山地丘陵中、下部的缓坡地段，地面有一定的坡度，平均值为0.79毫克/千克。

（3）不同母质：红土母质最高，平均值为0.93毫克/千克；最低是黄土母质，平均值为0.78毫克/千克。

（4）不同土壤类型：淋溶褐土最高，平均值为1.62毫克/千克；其次是潮土，平均值为1.02毫克/千克；最低是石灰性褐土，平均值为0.73毫克/千克。

表3-44 古县耕地土壤有效铜、有效锰及有效锌分类统计

类别		有效铜（毫克/千克）		有效锰（毫克/千克）		有效锌（毫克/千克）	
		平均值	区域值	平均值	区域值	平均值	区域值
行政区域	岳阳镇	0.95	0.43～1.36	11.06	3.93～18.33	0.94	0.44～4.4
	北平镇	1.36	0.8～2.42	17.06	3.67～36.67	1.67	0.93～3.7
	古阳镇	1.01	0.64～2.99	11.29	7～26.67	0.86	0.37～3.12
	旧县镇	0.90	0.6～2.09	10.79	7～17	0.64	0.37～1.17
	石壁乡	0.90	0.6～1.57	10.63	3.93～17.67	0.64	0.15～3.94
	永乐乡	1.02	0.6～1.36	13.91	9.67～19.66	0.73	0.44～3.35
	南垣乡	0.90	0.6～1.36	11.45	7.67～28.66	0.74	0.4～2.7
地形部位	低山丘陵坡地	0.94	0.43～2.58	11.58	3.93～22	0.8	0.28～2.8
	沟谷地	1.06	0.73～1.43	12.94	7～21.34	0.97	0.47～1.9
	黄土丘陵沟谷、坡麓及缓坡	1.0	0.51～2.42	12.29	3.67～35.33	0.87	0.26～3.7
	丘陵低山中、下部及坡麓平垣地	1.0	0.5～2.99	12.34	3.93～36.67	0.88	0.15～3.94
	山地、丘陵（中、下）部的缓坡地段，地面有一定的坡度	0.95	0.47～2.83	11.69	3.93～28.66	0.79	0.19～4.4
土壤母质	黄土母质	0.95	0.47～2.0	11.9	3.67～30.67	0.78	0.15～4.4
	红土母质	1.01	0.43～2.99	12.19	3.93～36.67	0.93	0.28～3.7
土壤类型	潮土	1.0	0.73～1.33	10.96	7～17.33	1.02	0.57～1.9
	褐土性土	0.95	0.43～2.99	11.8	3.67～36.67	0.78	0.15～3.94
	红黏土	0.98	0.73～1.33	11.78	8.34～18.33	0.89	0.5～2.0
	淋溶褐土	1.4	0.86～2.42	16.68	10.33～30.0	1.62	0.96～3.7
	石灰性褐土	0.94	0.57～1.33	12.04	5.0～24.0	0.73	0.37～2.4

注：以上统计结果依据2009—2011年古县测土配方施肥项目土样化验结果。

（三）有效锰

古县土壤有效锰含量在3.67～36.67毫克/千克，平均值为12.01毫克/千克，属四级水平。见表 3-44。

（1）不同行政区域：北平镇最高，平均值为 17.06 毫克/千克；其次是永乐乡，平均值为 13.91 毫克/千克；最低是石壁乡，平均值为 10.63 毫克/千克。

（2）不同地形部位：沟谷地最高，平均值为 12.94 毫克/千克；其次是丘陵低山中、下部及坡麓平垣地，平均值为 12.34 毫克/千克；最低是低山丘陵坡地，平均值为 11.58 毫克/千克。

（3）不同母质，红土母质最高，平均值为 12.19 毫克/千克；最低是黄土母质，平均值为 11.9 毫克/千克。

（4）不同土壤类型：淋溶褐土最高，平均值为 16.68 毫克/千克；其次是石灰性褐土，平均值为 12.04 毫克/千克；最低是潮土，平均值为 10.96 毫克/千克。

（四）有效铁

古县土壤有效铁含量在 1.82～29.03 毫克/千克，平均值为 8.03 毫克/千克，属四级水平。见表 3-45。

（1）不同行政区域：北平镇最高，平均值为 15.28 毫克/千克；其次是古阳镇，平均值为 9.89 毫克/千克；最低是南垣乡，平均值为 6.62 毫克/千克。

（2）不同地形部位：沟谷地最高，平均值为 9.29 毫克/千克；其次是丘陵低山中、下部及坡麓平垣地，平均值为 8.52 毫克/千克；最低是低山丘陵坡地，平均值为 7.12 毫克/千克。

（3）不同母质：红土母质最高，平均值为 8.24 毫克/千克；最低是黄土母质，平均值为 7.89 毫克/千克。

（4）不同土壤类型：淋溶褐土最高，平均值为 16.19 毫克/千克；其次是红黏土，平均值为 8.74 毫克/千克；石灰性褐土最低，平均值为 6.82 毫克/千克。

（五）有效硼

古县土壤有效硼含量在 0.2～1.07 毫克/千克，平均值为 0.47 毫克/千克，属五级水平。见表 3-45。

表 3-45　古县耕地土壤有效铁和有效硼分类统计结果

类别		有效铁（毫克/千克）		有效硼（毫克/千克）	
		平均值	区域值	平均值	区域值
行政区域	岳阳镇	7.38	1.82～18.66	0.49	0.2～0.96
	北平镇	15.28	6～29.03	0.59	0.26～1.07
	古阳镇	9.89	4.5～22.09	0.48	0.22～0.9
	旧县镇	6.79	3.17～12	0.48	0.21～0.96
	石壁乡	6.9	3.5～12	0.45	0.22～0.7
	永乐乡	7.33	2.84～14	0.44	0.2～1.07
	南垣乡	6.62	3.17～16	0.43	0.24～0.9

（续）

类别		有效铁（毫克/千克）		有效硼（毫克/千克）	
		平均值	区域值	平均值	区域值
地形部位	低山丘陵坡地	7.12	1.9～20.7	0.461	0.22～0.96
	沟谷地	9.29	5～19	0.497	0.3～0.64
	黄土丘陵沟谷、坡麓及缓坡	8.49	3～28.34	0.483	0.21～1.07
	丘陵低山中、下部及坡麓平垣地	8.52	1.99～29.03	0.475	0.2～1.07
	山地、丘陵（中、下）部的缓坡地段，地面有一定的坡度	7.61	1.82～22.09	0.464	0.2～1.07
土壤母质	黄土母质	7.89	2.84～25.56	0.46	0.2～1.07
	红土母质	8.24	1.82～29.03	0.49	0.21～1.07
土壤类型	潮土	8.08	5.34～15.67	0.52	0.3～0.86
	褐土性土	7.52	1.82～29.03	0.46	0.2～1.07
	红黏土	8.74	5.34～15.67	0.52	0.28～0.96
	淋溶褐土	16.19	10.67～23.48	0.64	0.44～1.07
	石灰性褐土	6.82	3.34～15.0	0.46	0.22～0.9

注：以上统计结果依据2009—2011年古县测土配方施肥项目土样化验结果。

（1）不同行政区域：北平镇最高，平均值为0.59毫克/千克；其次是岳阳镇，平均值为0.49毫克/千克；最低是南垣乡，平均值为0.43毫克/千克。

（2）不同地形部位：沟谷地最高，平均值为0.497毫克/千克；其次是黄土丘陵沟谷、坡麓及缓坡，平均值为0.483毫克/千克；最低是低山丘陵坡地，平均值为0.461毫克/千克。

（3）不同母质：红土母质最高，平均值为0.49毫克/千克；最低是黄土母质，平均值为0.46毫克/千克。

（4）不同土壤类型：淋溶褐土最高，平均值为0.64毫克/千克；最低是褐土性土和石灰性褐土，平均值都为0.46毫克/千克。

二、分级论述

（一）有效铜

Ⅰ级　有效铜含量＞2.00毫克/千克，全县面积为441.05亩，占耕地总面积的0.18%。主要分布在北平镇交里村和古阳镇金堆村，主要作物为玉米等。

Ⅱ级　有效铜含量在1.51～2.00毫克/千克，全县面积为6 648.69亩，占耕地总面积的2.77%。分布在北平镇东面河下村庄以及旧县镇旧县村和古阳镇金堆村为中心周围，作物有玉米、小麦、蔬菜等。

Ⅲ级　有效铜含量在1.01～1.51毫克/千克，全县面积为74 127.06亩，占耕地总面积的30.89%。全县7个乡（镇）都有零星分布，主要作物为小麦、玉米。

Ⅳ级　有效铜含量在0.51～1.00毫克/千克，全县面积为158 730.41亩，占总耕地面积的 66.14%。古阳镇、岳阳镇有零星分布，大部分分布在永乐乡、旧县镇、石壁乡、南垣乡，主要作物有小麦、玉米、谷子、蔬菜等。

Ⅴ级　有效铜含量在 0.21～0.50 毫克/千克，全县面积为 39.02 亩，占耕地总面积的 0.02%，零星分布在岳阳镇的张家沟村和偏涧村，主要作物为小麦、玉米。

Ⅵ级　有效铜含量≤0.20 毫克/千克，全县无分布。

（二）有效锰

Ⅰ级　有效锰含量>30 毫克/千克，全县面积为 123.63 亩，占总耕地面积的 0.05%。分布在北平镇东南。作物为玉米和蔬菜。

Ⅱ级　有效锰含量在 20.01～30.0 毫克/千克，全县面积为 4 248.19 亩，占总耕地面积的 1.77%。主要分布于北平镇，古阳镇金堆村周围，南垣乡芦家山。作物为玉米、小麦。

Ⅲ级　有效锰含量在 15.01～20.0 毫克/千克，全县面积为 25 981.22 亩，占总耕地面积的 10.83%。主要分布于北平镇，古阳镇北面村，岳阳镇向北靠近古阳镇的村，永乐乡毛儿庄村、松树坡村、曲庄村、范寨村。作物为玉米、小麦。

Ⅳ级　有效锰含量在 5.01～15.00 毫克/千克，全县面积为 209 307.96 亩，占总耕地面积的 87.21%。广泛分布于全县各乡（镇）。作物为小麦、玉米、谷子、蔬菜和果树。

Ⅴ级　有效锰含量在 1.01～5.00 毫克/千克，全县面积为 325.23 亩，占总耕地面积的 0.14%。零星分布在石壁乡王滩村、岳阳镇沟北村、岳阳镇偏涧村。作物为小麦、玉米等。

Ⅵ级　有效锰含量≤1.00 毫克/千克，全县无分布。

（三）有效锌

Ⅰ级　有效锌含量>3.00 毫克/千克，全县面积为 203.95 亩，占总耕地面积的 0.08%。零星分布在北平镇交里村和岳阳镇哲才村，作物有小麦、玉米。

Ⅱ级　有效锌含量在 1.51～3.00 毫克/千克，全县面积为 13 061.96 亩，占总耕地面积的 5.44%。主要分布在北平镇一带，岳阳镇哲才村、石壁乡王滩村、永乐乡松树皮村、南垣乡佐村也有分布。作物有小麦、玉米、蔬菜。

Ⅲ级　有效锌含量在 1.01～1.50 毫克/千克，全县面积为 25 510.96 亩，占总耕地面积的 10.63%。主要分布在北平镇，南垣乡店上村、道佐村范围，永乐乡毛儿庄村、松树坡村，岳阳镇天池村、五马村，石壁乡王滩村地带。大田作物有小麦、玉米、蔬菜。

Ⅳ级　有效锌含量在 0.51～1.00 毫克/千克，全县面积为 187 944.97 亩，占总耕地面积的 78.31%。广泛分布在古阳镇及南方各乡（镇）。作物有小麦、玉米、谷子、蔬菜、果树。

Ⅴ级　有效锌含量在 0.31～0.50 毫克/千克，全县面积为 12 541.86 亩，占总耕地面积的 5.23%。主要分布在石壁乡，旧县镇、南垣乡有零星分布，作物有小麦、玉米。

Ⅵ级　有效锌含量≤0.30 毫克/千克，全县面积为 722.5 亩，占总耕地面积的 0.31%。分布在石壁乡石壁村，永乐乡有零星分布。作物为小麦和玉米。

（四）有效铁

Ⅰ级　有效铁含量>20.00 毫克/千克，全县面积为 1 271.03 亩，占总耕地面积的 0.53%。分布在北平镇北平村周围。作物为玉米、蔬菜。

Ⅱ级　有效铁含量在15.01～20.00毫克/千克，全县面积为12 882.86亩，占总耕地面积的5.37%。分布在北平镇，古阳镇横岭村、凌云村。作物为玉米。

Ⅲ级　有效铁含量在10.01～15.00毫克/千克，全县面积为24 361.31亩，占总耕地面积的10.15%。分布在北平镇东山，古阳镇金堆村周围，岳阳镇下冶村周围，永乐乡金家洼村，南垣乡郭店村周围。作物为小麦、玉米。

Ⅳ级　有效铁含量在5.01～10.00毫克/千克，全县面积为180 600.58亩，占总耕地面积的75.25%。主要分布在北平镇贾寨村、黄家窑村，其余6个乡（镇）广泛分布，作物为小麦、玉米、蔬菜。

Ⅴ级　有效铁含量在2.51～5.00毫克/千克，全县面积为20 750.26亩，占耕地总面积的8.65%。分布在岳阳镇辛庄村周围的东西两山，旧县镇、永乐乡有零星分布，南垣乡店上村到佐村。作物有小麦、玉米、蔬菜、果树。

Ⅵ级　有效铁含量≤2.50毫克/千克，全县面积为122.19亩，占总耕地面积的0.05%。主要分布在岳阳镇沟北村一带。

（五）有效硼

Ⅰ级　有效硼含量>2.00毫克/千克，全县无分布。

Ⅱ级　有效硼含量在1.51～2.00毫克/千克，全县无分布。

Ⅲ级　有效硼含量在1.01～1.50毫克/千克，全县面积为50.98亩，占总耕地面积的0.02%。零星分布于北平镇交里村和永乐乡永乐村，作物为小麦、玉米。

Ⅳ级　有效硼含量在0.51～1.00毫克/千克，全县面积为71 044.61亩，占总耕地面积的29.60%。全县7个乡（镇）都有分布，作物有小麦、玉米、蔬菜、果树。

Ⅴ级　有效硼含量在0.21～0.50毫克/千克，全县面积为168 890.64亩，占总耕地面积的70.38%。广泛分布于全县7个乡（镇）。作物有小麦、玉米和蔬菜。

Ⅵ级　有效硼含量≤0.20毫克/千克，全县无分布。

古县耕地土壤微量元素分级面积见表3-46。

表3-46　古县耕地土壤微量元素分级面积

级别		Ⅰ	Ⅱ	Ⅲ	Ⅳ	Ⅴ	Ⅵ
有效锰	面积（亩）	123.63	4 248.19	25 981.22	209 307.96	325.23	0
	占耕地比例（%）	0.05	1.77	10.83	87.21	0.14	0
有效硼	面积（亩）	0	0	50.98	71 044.61	168 890.64	0
	占耕地比例（%）	0	0	0.02	29.60	70.38	0
有效铁	面积（亩）	1 271.03	12 882.86	24 361.31	180 600.58	20 750.26	120.19
	占耕地比例（%）	0.53	5.37	10.15	75.25	8.65	0.05
有效铜	面积（亩）	441.05	6 648.69	74 127.06	158 730.41	39.02	0
	占耕地比例（%）	0.18	2.77	30.89	66.14	0.02	0
有效锌	面积（亩）	203.95	13 061.99	25 510.96	187 944.97	12 541.86	722.5
	占耕地比例（%）	0.08	5.44	10.63	78.31	5.23	0.31

第五节 土壤理化性状及其评价

土壤理化性状是土壤的基本属性，是决定土壤肥力的重要因素。掌握土壤理化性状，可为因土施肥、因土种植、改土培肥提供可靠的科学根据。

一、土壤 pH

根据 2009—2011 年测土数据，古县耕地土壤 pH 为 6.4～8.59，平均值为 8.19。

（1）不同行政区域：永乐乡 pH 平均值最高，为 8.27；其次是旧县镇和南垣乡，pH 平值为 8.25；最低是北平镇，pH 平均值为 7.91。

（2）不同地形部位：低山丘陵坡地平均值最高，pH 为 8.23；其次是山地丘陵中、下部的缓坡地段，地面有一定的坡度，pH 平均值为 8.21；最低是丘陵低山中、下部及坡麓平垣地，pH 平均值为 8.16。

（3）不同母质：黄土母质最高，pH 平均值为 8.20；最低是红土母质，pH 平均值为 8.17。

（4）不同土壤类型：石灰性褐土最高，pH 平均值为 8.24；其次是褐土性土，pH 平均值为 8.21；最低是淋溶褐土，pH 平均值为 7.84。

古县耕地土壤 pH 平均值分类统计结果见表 3-47。

表 3-47 古县耕地土壤 pH 平均值分类统计结果

类别		pH	区域值
行政区域	岳阳镇	8.23	7.65～8.43
	北平镇	7.91	6.40～8.43
	古阳镇	8.00	6.40～8.43
	旧县镇	8.25	7.81～8.43
	石壁乡	8.20	7.81～8.43
	永乐乡	8.27	7.96～8.59
	南垣乡	8.25	7.81～8.59
地形部位	低山丘陵坡地	8.23	6.40～8.59
	沟谷地	8.20	7.65～8.43
	黄土丘陵沟谷、坡麓及缓坡	8.17	6.56～8.59
	丘陵低山中、下部及坡麓平垣地	8.16	6.40～8.59
	山地、丘陵（中、下）部的缓坡地段，地面有一定的坡度	8.21	7.03～8.59
土壤母质	黄土母质	8.20	6.40～8.59
	红土母质	8.17	6.56～8.59
土壤类型	褐土性土	8.21	6.40～8.59
	红黏土	8.15	7.81～8.43
	淋溶褐土	7.84	6.56～8.28
	石灰性褐土	8.24	7.81～8.43
	潮土	8.17	7.65～8.43

注：以上统计结果依据 2009—2011 年古县测土配方施肥项目土样化验结果。

二、土壤容重

土壤容重是指自然状态下，单位容积土壤的干重，常用单位为：克/立方厘米。根据测定，古县耕种土壤表层土壤容重大于自然土壤。自然土壤一般为 1.0 左右，山地棕壤、山地淋溶褐土多数只有 0.8 克/立方厘米左右；而耕地土壤一般在 1.14～1.28 克/立方厘米，这主要是由于自然土壤有机质含量高于耕地土壤所致。发育在不同母质上的土壤容重也不相同，黄土质土壤表层容重一般为 1.01～1.17 克/立方厘米，红黄土质土壤一般为 1.24～1.33 克/立方厘米，洪积—沟淤土壤一般为 1.20～1.51 克/立方厘米。同一土体中，上下各土层由于结构、质地不同，受自然因素和耕作措施影响不同，土壤容重也不相同，一般呈现上低下高的现象。

三、耕层质地

土壤的固体部分是由大大小小的颗粒（土粒）组成的，粗细不同的土粒在土壤中占有一定的比例。这种比例组合就称为土壤质地，也叫土壤的机械组成。质地是划分土种类型的主要依据之一，是反映土壤物理性状的一个综合指标。

土壤质地主要受母质、有机质含量、人为耕作和土壤发育程度等因素的影响。

（1）母质类型：发育在砂页岩质，花岗片麻岩质残积、坡积母质上的土壤质地多为沙壤—轻壤；发育在黄土母质上的土壤多为轻壤；红黄土母质上发育的土壤质地多为中壤；红土母质上发育的土壤质地多为重壤—黏土；发育在石灰岩质，铝土页岩质残积、坡积母质上的土壤质地多为中壤—重壤。发育在洪积、沟淤母质上的土壤质地变化较大，主要是因为洪积物来源和沉积状况不同而引起的。

（2）人为耕作：耕种土壤由于人为耕作、施肥影响，表层质地则转变为轻壤—中壤，底土则仍为中壤—重壤，表 3-48 中的剖面 2—03 比较清楚地反映出了人为耕种对土壤质地的这种影响。

（3）发育程度：黄土质山地褐土剖面 7—59 和黄土质碳酸盐褐土剖面 9—07 反映出了土壤发育程度对质地的影响。由于土壤黏化过程的影响，心土层黏粒含量高于表层，土体中质地呈现上轻下重的现象。

质地与母质、耕种和发育程度的关系见表 3-48。

表 3-48　质地与母质、耕种和发育程度的关系

母质	土壤名称	剖面号	表土层		心土层		底土层	
			物理性黏粒（%）	质地	物理性黏粒（%）	质地	物理性黏粒（%）	质地
残积坡积	花岗片麻岩质山地淋溶褐土	2—75	15.4	沙壤	11.1	沙壤	—	—
残积坡积	砂页岩质山地褐土	1—28	21.2	轻壤	17.9	轻壤	—	—
残积坡积	石灰岩质山地淋溶褐土	2—71	34.8	中壤	40.0	中壤	56.8	重壤

（续）

母质	土壤名称	剖面号	表土层		心土层		底土层	
			物理性黏粒（%）	质地	物理性黏粒（%）	质地	物理性黏粒（%）	质地
残积	耕种铝土页岩质山地褐土	1—81	51.1	重壤	54.2	重壤	72.6	黏土
红土	耕种红土质山地褐土	2—03	30.8	中壤	45.2	重壤	47.5	重壤
红土	耕种红土质山地褐土	3—44	48.4	重壤	50.5	重壤	45.4	重壤
红黄土	耕种红黄土质山地褐土	7—53	30.0	中壤	42.4	中壤	31.4	中壤
黄土	黄土质山地褐土	7—59	28.4	轻壤	33.2	中壤	34.7	中壤
黄土	耕种黄土质碳酸盐褐土	9—07	23.1	轻壤	34.0	中壤	32.6	中壤
黄土	耕种黄土质褐土性土	6—52	29.3	轻壤	29.9	轻壤	29.9	轻壤
灌淤	耕种灌淤碳酸盐褐土	4—84	32.2	中壤	38.4	中壤	30.8	中壤
沟淤	耕种沟淤褐土性土	5—07	30.0	轻壤	21.6	轻壤	56.7	重壤

古县农田土壤有机质含量是比较低的。在这种情况下，质地在很大程度上支配着土壤肥力，如通气、透水、保水、保肥、耕性及养分含量等，因而影响土壤生产率。所以农民历来重视土壤质地，广大农村习惯用的“沙土”、“绵土”、“垆土”、“胶泥”、“白干子土”等土壤的俗称，多是反映质地特点的。

下面对耕作土壤质地予以简要叙述。

1. 沙壤土　俗称“沙土”，物理性黏粒<20%，分布在涧河河漫滩及古阳镇一带的一级阶地上，母质多为冲积、洪积物，土壤类型主要是沙壤耕种洪积褐土性土，面积为3 009.1亩，占全县农田地的0.5%。其主要特点是，土质疏松，大孔隙多、通透性良好、保水能力差，怕旱不怕涝，保肥性能差，肥效期短，尤其后期不足。早春升温快，种子容易出苗。深秋降温急，作物易受冻害。耕性良好、宜耕期长。不板结，没坷垃。适宜种植耐旱、耐瘠薄、生长期短的作物，如瓜类、豆类、薯类、花生、芝麻、高粱等。改良上应采用客土调剂，搬黏压沙，修渠打堰，引洪灌淤。通过耕作使沙黏掺和，逐步改善土壤质地，增施有机肥，种植绿肥作物，提高肥力。使用化肥应采取少量多次的方法，以防止漏肥减效。为满足作物各个时期用肥需要，要基肥、追肥并重，避免只发苗不壮子的现象。

2. 轻壤土　俗称“绵土”，物理性黏粒为20%～30%，这是古县主要的一种土壤，面积达516 511.6亩，占到总农用地的87.8%，分布在中、南部广大黄土丘陵区的梁峁梯田和残垣上，土壤类型主要有耕种黄土质碳酸盐褐土、耕种黄土质褐土性土、耕种红黄土质褐土性土和部分沟淤褐土性土等。典型特点是：孔隙大小适宜，通气透水良好，沙黏比例适中，保水保肥力较强，土温温和稳定，肥劲匀且时长，耕作性能良好，宜种作物较广。总之，轻壤土兼备了沙土、黏土的优点，又克服了二者的缺点，是古县比较理想的耕作土壤质地。这类土壤的问题主要是由于水土流失严重，加之长期以来使用有余、养护不足，造成土壤贫瘠、养分失调。今后应注重农田基本建设，增施有机肥料，合理轮作倒茬，用地养地相结合，使产量、地力逐年增长。

3. 中壤土　俗称“垆土”，主要分布在城关村至偏涧村的涧河一级、二级阶地，北平镇山间盆地、沟坪地和土石山地也有零星分布。面积为 47 261.4 亩，占总农用地的 8.0%。土壤类型主要有灌淤碳酸盐褐土、沟淤褐土性土、红黄土质的土壤。这类土具有轻壤土的优点，与轻壤土相比，质地较黏，保水保肥较强。但宜耕期短，耕作时易起坷垃。

4. 重壤土 包括红黏土和白干子土。红黏土是由第三纪红土发育而成的褐土性土，分布在岳阳镇的南坡村、韩母村等处。白干子土发育在铝土页岩质的残积、坡积物上，为山地褐土，在北平镇至圪堆一带的山坡地上和古阳镇的相力一带也有零星分布。重壤土的面积不大，为 21 595 亩，占全县总农用地的 3.7%。其特点是：胶结力强，土质黏重致密，大孔隙少，通气透水性能差；小孔隙多、保水保肥能力强；热容量大，受气温影响小，土温冷凉，故常称为“冷土”或“凉性土”。该土比较紧实，干时坚硬、湿时泥泞，耕作费力，宜耕期短，怕涝又怕旱。在改良利用上应注意：加强管护、保护表土，防止表土流失。增施有机肥，种植绿肥作物，改良土性；客土调剂，搬沙掺黏，改良黏重的质地等。适宜种植玉米、小麦、谷子、豆类等作物。

上述 4 种类型综合起来，古县共有农用地面积为 588 377.1 亩。因这次土壤普查主要是查清土壤类型，故耕地附近的村庄、河流、沟壑、公路、大小马路及田间道路、水渠、地埂等非生产用地面积都按同类土壤计算入农用地面积，待土地利用现状调查后方可除去。

从耕作土壤肥力角度讲，一般认为物理性黏粒含 25%～30%为宜。经过土壤普查，古县耕种土壤物理性黏粒含量绝大部分在 30%左右，耕地中轻壤土和中壤土质地面积占到 95.8%。

根据 2009—2011 年测土数据，依据卡庆斯基质地分类，粒径大于 0.01 毫米为物理性沙粒，小于 0.01 毫米为物理性黏粒。根据沙黏含量及其比例，主要可分为松沙土、紧沙土、沙壤土、轻壤土、中壤土、重壤土、轻黏土、中黏土、重黏土 9 类。

古县耕层土壤质地 90%以上为沙壤土、轻壤土、中壤土，轻黏土与重黏土面积很少，见表 3-49。

表 3-49 古县土壤耕层质地概况

质地类型	耕种土壤（亩）	占耕种土壤（%）
沙壤土	3 009.1	0.5
轻壤土	516 511.6	87.8
中壤土	47 261	8.0
重黏土	21 595	3.7
合计	588 376.7	100

四、耕地土壤阳离子交换量

古县耕地土壤阳离子交换量含量变化范围在 5.6～27.1 厘摩尔/千克，平均值为

12.49 厘摩尔/千克。不同行政区域：岳阳镇平均值最高，为 14.06 厘摩尔/千克；其次是永乐乡，平均值为 13.48 厘摩尔/千克；最低是南垣乡，平均值为 10.13 厘摩尔/千克。见表 3-50。

表 3-50　古县耕地土壤阳离子交换量分类汇总

类　　别		阳离子交换量（厘摩尔/千克）
		平均值
行政区域	北平镇	12.11
	古阳镇	13.2
	旧县镇	10.19
	南垣乡	10.13
	石壁乡	10.71
	永乐乡	13.48
	岳阳镇	14.06
	平均值	12.49

注：以上统计结果依据 2009—2011 年测土配方施肥项目土样化验结果。

五、土体构型

土壤由地面垂直向下的纵断面，叫做土壤剖面。整个剖面的土壤叫做土体。土体是由若干特征不同的土层组成的。不同特征的土层上下排列情况称为土体构型，或土壤的构造。土壤构型是土壤外部形态的基本特征，是划分土种类型的重要依据之一。它对于土壤的理化性状和生物性状，以及水、肥、气、热的协调能力具有深刻的影响。经过普查，古县的土壤构型可概括为 4 个大类、10 个亚类。

1. 通体型　土层深厚，土体上下各层质地比较均匀，有 3 个亚类。

（1）通体沙壤型：分布在河流边沿和涧河上游的一级阶地上，耕地面积为 3 009.1 亩。多发育在洪积母质上，俗称“沙滩地”。特点是上下质地均匀，通体沙土—沙壤，混有砾石，土壤发育差，层次不明显，结构不良，气多水缺，养分含量较低，土温变化大，一般为低产田。

（2）通体轻壤型：分布在中、南部梁峁和坡地及部分沟谷地上，土壤类型为黄土质褐土性土和沟淤褐土性土，面积为 296 333.8 亩。其特点是，土层深厚，发育不良，层次分明，通体轻壤，水、肥、气热较为协调；土温变化不大，但养分含量不高，应注意控制水土流失，合理耕作，提高“三保”水平。

（3）通体中壤型：分布在中南部侵蚀严重的梁峁上，涧河中游一级、二级阶地，北平镇山间盆地和部分沟谷地上。多发育在红黄土质、洪积及沟淤母质上，耕地面积为 34 914.2亩。其特点是，发育层次不明显，通体中壤，保肥保水性能好，养分含量较高，但通气透水性差，供水供肥能力弱，由于耕作施肥影响，上层多转变为中壤偏轻。

2. 薄层型　土体厚度在 30 厘米以内的属于薄层型，古县分为 3 个亚类。

（1）山地薄层土：发育在残积母质上的山地土壤多属此类，母质类型有花岗片麻岩质，石灰岩质，砂页岩质等。其中耕地占到 8 673.4 亩。

（2）河川薄层土：分布在河流两侧，薄层土下面就是沙砾层，漏水漏肥，因此又叫漏沙型。耕地面积为 7 611.4 亩。

（3）红土质薄层土：分布于岳阳镇下冶村一些梁峁顶部，由于受古代侵蚀影响，表层黄土流失殆尽，老红土出露，发育在这种红土母质上的土壤即属此类，薄层土下就是母质土层。耕地面积为 12 921.6 类。

薄层型的共同特点是：土层浅薄，多夹有数量不等的砾石、料姜。保蓄和供应水肥能力差，土温变化较大。山地薄层土不宜作为农业用地，对目前的荒地要加强现有植被管护，育草栽树，增加覆盖度，防止土壤侵蚀发展。对目前耕种薄层型土壤应保护表土，创造条件，逐步退耕还草、退耕植树，发展林牧业。对于河川薄层土应修坝垒堰，采用人工堆垫、引洪灌淤和增施肥料等措施，建设良田。红土质薄层土，应适当加深耕层，增施肥料，合理轮作，加厚活土层。

3. 蒙金型 俗称“绵盖垆”，面积为 53 684.1 亩，分布在中南部几个较大的黄土残垣上和部分沟谷地中，土壤类型主要是浅位厚层黏化耕种黄土质碳酸盐褐土和耕种灌淤碳酸盐褐土。其特点是：上层质地适中，多为轻壤或轻壤偏沙，疏松绵软，耕性良好，易出苗，又发幼苗；透水性好，雨季收墒多，水热状况好，肥效发挥快；下层质地较黏，多为中壤或重壤，托水保肥，能使土壤供肥能力持久不衰。总之，这种构型上轻下重，水肥气热比较协调，发小苗又发老苗，是一种理想的耕种土壤构型，所以俗话说：“种上几亩绵盖垆，全家吃穿不发愁”。

4. 夹层型 即土体中间夹有悬殊质地的层次，面积为 165 070.4 亩，分为 3 个亚类。

（1）夹沙型：发育在冲积、洪积和沟淤母质上的土壤有此类型，对通气透水、供水供肥都有明显影响。如果夹沙层厚度超过 30 厘米，又演变成漏沙型土壤。

（2）夹料姜型：黄土、红黄土母质上发育的土壤有此类型，料姜含量少的对土壤性质影响不大，如果含量多或形成料姜层，则影响土壤水肥气热运行，影响作物根系下扎。

上述两种夹层都是作物生长的障碍层次和不利因素。

（3）夹红色条带型：发育在红黄土母质上的土壤有此种类型。这种构型与蒙金型有类似的特点，但蓄水保肥能力不及蒙金型，肥力也较低。总的来讲，这种构型仍不失为一种比较理想的耕种土壤类型。

六、土壤结构

土壤结构是指土壤中的土粒在内、外力的综合作用下，相互黏结而成的各种自然团聚体的状况。土壤结构对土壤的肥力因素、微生物活动、耕性和作物根系伸展等都有很大的影响，是判断土壤肥力的重要指标之一。

经调查，古县土壤结构大致有团粒结构、屑粒状（包括微粒结构）、团块状、棱块状和片状 5 种类型。现分述如下。

1. 团粒结构 土壤中的自然团聚体为近似团球状，粒径在0.25～10毫米，俗称“蚂蚁蛋”。团粒内部疏松多孔，可蓄较多的水肥，团粒之间孔隙较粗，可供通气透水。因此团粒结构通气、透水、保水、保肥、植物扎根等性质都较好，养分含量也高，耕性良好，水稳性强，是农业生产上理想的土壤结构。古县绝大多数耕地土壤团粒结构很少，在北部、东部的山地荒山荒坡和部分山地耕地的表层（耕层）则比较多。

2. 屑粒状结构（包括微团粒结构） 这是古县中、南部广大黄土质土壤表层（耕层）的结构，是一种松散不规则的粒状结构，主要土壤类型是黄土质褐土性土和耕种黄土质褐土性土。它是在土壤有机质含量低的情况形成的一种土团，疏松绵软，在精耕细作条件下，可以调节水、肥、气、热情况，对土壤肥沃度具有一定的作用。在有机质含量和耕作水平都较高的耕作土壤中，形成有微团粒结构，粒径0.25～0.005毫米，大多是由腐殖质胶结和胶体凝聚而成的。微结构对土壤肥沃的作用虽不及团粒结构，但好于其他结构。这种微结构是由于人为耕作使土壤熟化的结果，是劳动的产物。古县的高产稳产田大都具有这种微结构。

3. 无结构 这是沙土和部分沙壤土的结构，由于土壤中物理性黏粒缺乏，土粒团聚不起来，通透性有余，保水肥能力极差。

4. 块状结构和棱块结构 多分布在土壤的心土层和底土层。由于有机质含量低，生物活动和人为耕作施肥的影响都较小，土壤结构体沿长宽高三轴比较平衡地发育。一般轻壤质地的黄土形成棱面不明显、形状不规则、表面不平整的块状结构；中壤质地以上的红黄土、红土则形成界面和棱角明显的棱块状结构。在耕种土壤中，这两种结构处在心土、底土层，由于比较紧实，对托水保肥、供水肥能力具有较好的影响。处在耕层，则容易形成板结或坷垃，透风跑墒，春季影响抓全苗，影响作物根系生长，对幼苗生长尤其不利，冬季使作物易受冻害。俗语“麦子不怕草，就怕坷垃咬”，就是这个道理。所以麦田应适时镇压耙耱，即保墒又破除板结，有利于小麦发育。

5. 片状结构 古县土壤的片状结构多出现在洪积—沟淤母质上发育的土壤中，出现层次无常，主要是由于流水沉积作用而形成的沉积层次，这种片状结构一般对作物生长没有不良影响。

综合上述，古县耕作土壤结构中，表层团块状、棱块状为不良结构，根本的原因是土壤有机质含量低、熟化程度差所致，应采取增施有机肥、改土培肥、及时于宜耕期间耕作等措施克服。屑粒状（包括微团粒结构）结构居中，团粒结构为理想的耕种土壤结构。但是团粒结构的形成需要一定的条件，因此，对古县广大的耕地来讲，不应盲目追求团粒结构，而应通过增施有机肥料、生物养地等培肥措施，提高有机质含量，结合精耕细作，促进微结构、非水稳性团粒结构的形成，以协调土壤水肥气热状况，满足作物生长的需要。

七、土壤孔隙状况

土体中存在着许多大小不同、形状不一、相互连通、情况复杂的孔洞和管道，称为土壤孔隙。土壤是由固、液、气三相组成，三相中以液相、气相较为活跃，而水、气的消长受土壤孔隙度的孔径分布所制约。土壤孔隙可用土壤容重和孔隙度定量表示。

表 3-51 不同土壤各层容重、表层孔隙度比较

土壤名称	剖面号	容重（克/立方厘米）			表层孔隙度（%）
		表层	心土层	底土层	
黄土质褐土性土	8—23	1.14	1.29	1.27	57
红黄土质褐土性土	4—100	1.24	1.37	1.28	53
浅位中层黏化黄土质碳酸盐褐土	9—07	1.17	1.34	1.31	56
轻壤灌淤碳酸盐褐土	6—08	1.25	1.45	1.40	53
中壤灌淤碳酸盐褐土	4—84	1.51	1.62	1.59	43

孔隙度是指土壤中孔隙的容积占整个土壤容积的百分数，通常用土壤容重和土壤比重计算而得来的。土壤比重取 2.65 来计算，古县耕层孔隙度一般在 43%～57%，多数为 53%～56%。见表 3-51。

按照土壤容重 1.1～1.3 克/立方厘米，孔隙 51%～58%为耕层适宜的指标衡量，古县耕层土壤的松紧度基本是比较适宜的。但对于轻壤质地以下的土壤，由于土壤疏松，怕旱不怕涝，应采取耙耱镇压，施肥掺黏等措施进行调整。对于中壤质地以下的土壤，由于比较紧实，通透性差，应采取增施有机肥、掺沙等措施加以改善。

综合以上评述，古县耕作土壤表层质地多为轻壤—中壤（占到 95.8%），比较理想。构型一半左右为通体轻壤型，属于一般。结构多为屑粒状，高产稳产田里具有微团粒结构，属于一般。土壤松紧度基本是比较适宜的。总之，古县耕作土壤的物理性状属于一般偏上。

八、土壤碱解氮、全磷和全钾状况

（一）碱解氮

古县耕地土壤碱解氮含量为 3.5～150.3 毫克/千克，平均值为 56.41 毫克/千克。北平镇平均值最高，为 73.51 毫克/千克；其次是岳阳镇，平均值为 62.94 毫克/千克；最低是旧县镇，平均值为 46.9 毫克/千克。见表 3-52。

（二）全磷

古县耕地土壤全磷含量为 0.14～1.86 克/千克，平均值为 0.62 克/千克。旧县镇平均值最高，为 0.663 克/千克；其次是石壁乡，平均值为 0.658 克/千克；最低是北平镇、古阳镇，平均值为 0.545 克/千克。见表 3-52。

（三）全钾

古县耕地土壤全钾含量为 8.2～39.2 克/千克，平均值为 19.27 克/千克。岳阳镇平均值最高，为 20.361 克/千克；其次是北平镇，平均值为 20.136 克/千克；最低是南垣乡，平均值为 18.348 克/千克。见表 3-52。

表 3-52　古县耕地土壤碱解氮、全磷、全钾分类汇总

类别		碱解氮（毫克/千克）	全磷（克/千克）	全钾（克/千克）
		平均值	平均值	平均值
行政区域	北平镇	73.51	0.545	20.136
	古阳镇	56.15	0.545	18.786
	旧县镇	46.9	0.663	19.533
	南垣乡	56.91	0.636	18.348
	石壁乡	56.2	0.658	19.575
	永乐乡	54.53	0.616	18.995
	岳阳镇	62.94	0.604	20.361
	平均值	56.41	0.62	19.27

注：以上统计结果依据 2009—2011 年测土配方施肥项目土样化验结果，其中：碱解氮 3 600 个土样，全磷、全钾各 391 个。

第六节　耕地土壤属性综述与养分动态变化

一、耕地土壤属性综述

古县 3 600 个样点测定结果表明，耕地土壤有机质平均含量为 16.19 克/千克，全氮平均含量为 0.948 克/千克，有效磷平均含量为 13.46 毫克/千克，速效钾平均含量为 150.45 毫克/千克，缓效钾平均含量为 671.52 毫克/千克，有效铜平均含量为 0.98 毫克/千克，有效锌平均含量为 0.84 毫克/千克，有效铁平均含量为 8.03 毫克/千克，有效锰平均值为 12.01 毫克/千克，有效硼平均含量为 0.47 毫克/千克，pH 平均为 8.19，有效硫平均含量为 29.74 毫克/千克。见表 3-53。

表 3-53　古县耕地土壤属性总体统计结果

项目名称	点位数（个）	平均值	最大值	最小值	标准差	变异系数（%）
有机质（克/千克）	3 600	16.19	45.8	7.8	4.69	0.29
全氮（克/千克）	391	0.948	1.71	0.38	0.18	0.19
有效磷（毫克/千克）	3 600	13.46	39.29	2.97	3.89	0.29
速效钾（毫克/千克）	3 600	150.45	506	81	29.91	0.20
有效铜（毫克/千克）	855	0.98	2.99	0.43	0.19	0.19
有效锌（毫克/千克）	855	0.84	4.40	0.15	0.37	0.44
有效铁（毫克/千克）	855	8.03	29.03	1.82	3.15	0.39
有效锰（毫克/千克）	855	12.01	36.67	3.67	2.86	0.24
有效硼（毫克/千克）	855	0.47	1.07	0.2	0.10	0.21
pH	3 600	8.19	8.59	6.4	0.18	0.02

（续）

项目名称	点位数（个）	平均值	最大值	最小值	标准差	变异系数（%）
有效硫（毫克/千克）	848	29.74	93.34	3.68	7.34	0.25
缓效钾（毫克/千克）	3 600	671.52	1 120	368	89.97	0.13

注：以上统计结果依据2009—2011年古县测土配方施肥项目土样化验结果。

二、有机质及大量元素的演变

随着农业生产的发展及施肥、耕作经营管理水平的变化，耕地土壤有机质及大量元素也随之变化。与1984年全国第二次土壤普查时的耕层养分测定结果相比，27年间，土壤有机质增加了4.89克/千克，全氮增加了0.208克/千克，有效磷增加了10.26毫克/千克，速效钾增加了11.55毫克/千克。详见表3-54。

表3-54　古县耕地土壤养分动态变化

普查时间	有机质（克/千克）	全氮（克/千克）	有效磷（毫克/千克）	速效钾（毫克/千克）
第二次土壤普查	11.30	0.74	3.2	138.9
本次调查	16.19	0.948	13.46	150.45
增减	+4.89	+0.208	+10.26	+11.55

第四章　耕地地力评价

第一节　耕地地力分级

一、面积统计

古县耕地面积 24 万亩，其中水浇地 1.08 万亩，占总耕地面积的 4.5%；旱地 22.92 万亩，占总耕地面积的 95.5%。按照地力等级的划分指标，对照分级标准，确定每个评价单元的地力等级，汇总结果见表 4-1。

表 4-1　古县耕地地力统计

国家等级	古县分级	评价指数	面积（亩）	所占比重（%）
4	1	0.76～0.82	11 796.37	9.11
5	1		7 393.07	
6	1		2 679.97	
6	2	0.74～0.76	35 540.99	25.28
7	2		25 122.60	
7	3	0.59～0.74	93 534.68	38.98
7	4	0.55～0.59	22 587.04	19.54
8	4		24 317.96	
8	5	0.48～0.55	8 506.09	7.09
9	5		8 507.46	
	总计		239 986.23	100

二、地域分布

古县耕地主要分布在涧河、蔺河、旧县河、石壁河等河流较宽的河谷地段以及各乡（镇）的垣面。不同行政区域分布情况见表 4-2。

表 4-2　古县各乡（镇、林场）地力等级分布面积

级别	一级		二级		三级		四级		五级		乡（镇）面积合计
	面积（亩）	%	面积（亩）	%	面积（亩）	%	面积（亩）	%	面积（亩）	%	
北平镇	716.31	0.30	5 623.44	2.34	9 609.42	4.00	1 146.02	0.48	1 031.34	0.43	18 126.53
古阳镇	399.38	0.17	6 028.96	2.51	13 333.40	5.56	5 581.61	2.33	2 010.47	0.84	27 353.82
岳阳镇	1 429.91	0.52	5 823.63	2.43	11 760.78	4.90	11 705.52	4.88	4 430.85	1.85	35 150.68

（续）

级别	一级		二级		三级		四级		五级		乡（镇）面积合计
	面积（亩）	%	面积（亩）	%	面积（亩）	%	面积（亩）	%	面积（亩）	%	
旧县镇	6 162.54	2.57	12 656.63	5.27	15 978.61	6.66	10 106.67	4.21	3 290.66	1.37	48 195.11
石壁乡	2 728.09	1.14	8 518.40	3.55	14 557.15	6.07	6 797.69	2.83	627.44	0.26	33 228.77
永乐乡	2 721.25	1.13	10 605.80	4.42	10 540.50	4.39	3 957.77	1.65	469.50	0.20	28 294.82
南垣乡	7 587.60	3.16	11 197.91	4.67	17 341.06	7.23	7 496.12	3.12	5 005.84	2.09	48 628.53
北平林场	—	0	3.88	0	208.05	0.09	—	0	9.17	0	221.1
大南坪林场	—	0	131.96	0.05	—	0	11.45	0	66.89	0.03	210.3
古县国有林场	124.34	0.05	72.98	0.03	205.71	0.09	102.15	0.04	71.39	0.03	576.57
合计	21 869.41	9.11	60 663.59	25.28	93 534.68	38.98	46 905	19.54	17 013.55	7.09	239 986.23

第二节　耕地地力等级分布

一、一 级 地

（一）面积和分布

本级耕地主要分布在涧河、蔺河、旧县河、石壁河等河流较宽的河谷地段和各乡（镇）地势平坦的区域。面积为 21 869.41 亩，占古县总耕地面积的 9.11%。根据 NY-T 309—1996 比对，相当于国家的四级到六级地。见表 4-3。

表 4-3　一级地面积和分布统计

等级	乡（镇）	村	面积（亩）
1	岳阳镇	城关村	172.99
1	岳阳镇	古县县城	49.75
1	岳阳镇	偏涧村	139.01
1	岳阳镇	天池村	147.82
1	岳阳镇	五马村	73.03
1	岳阳镇	下冶村	216.1
1	岳阳镇	辛庄村	521.9
1	岳阳镇	张家沟村	5.42
1	岳阳镇	张庄村	10.89
1	岳阳镇	哲才村	92.99
1	北平镇	北平村	425.48
1	北平镇	黄家窑村	87.77
1	北平镇	贾寨村	32.46
1	北平镇	交里村	7.92

（续）

等级	乡（镇）	村	面积（亩）
1	北平镇	李子坪村	12.52
1	北平镇	芦家庄村	51.87
1	北平镇	千佛沟村	4.41
1	北平镇	上宝丰村	87.06
1	北平镇	下宝丰村	6.82
1	古阳镇	安吉村	14.69
1	古阳镇	白素村	22.33
1	古阳镇	古阳村	214.73
1	古阳镇	凌云村	16.33
1	古阳镇	乔家山村	11.47
1	古阳镇	上辛佛村	119.83
1	旧县镇	安里村	15.57
1	旧县镇	并侯村	1 661.94
1	旧县镇	韩村村	593.9
1	旧县镇	红寨村	533.19
1	旧县镇	旧县村	771.94
1	旧县镇	孔家垣村	394.03
1	旧县镇	钱家峪村	102.65
1	旧县镇	秦王庙村	343.67
1	旧县镇	西堡村	630.78
1	旧县镇	西庄村	840.04
1	旧县镇	尧店村	199.65
1	旧县镇	皂角沟村	75.18
1	石壁乡	高城村	543.83
1	石壁乡	胡凹村	17.9
1	石壁乡	贾村村	165.08
1	石壁乡	连庄村	1.61
1	石壁乡	三合村	540.67
1	石壁乡	上治村	167.41
1	石壁乡	石壁村	423.73
1	石壁乡	王滩村	251.62
1	石壁乡	五马岭村	90.21
1	石壁乡	左村村	526.03
1	永乐乡	草峪村	2.78
1	永乐乡	茨林村	32.79

（续）

等级	乡（镇）	村	面积（亩）
1	永乐乡	大井沟村	7.8
1	永乐乡	范寨村	283.28
1	永乐乡	红木垣村	390.11
1	永乐乡	金家洼村	170.38
1	永乐乡	毛儿庄村	1 265.86
1	永乐乡	曲庄村	8.68
1	永乐乡	松树坡村	7.13
1	永乐乡	尧峪村	316.69
1	永乐乡	永乐村	133.4
1	永乐乡	朱家窑村	102.35
1	南垣乡	柏树庄村	36.74
1	南垣乡	陈香村	302.97
1	南垣乡	崔家岭村	4.5
1	南垣乡	店上村	483.35
1	南垣乡	东池村	380.55
1	南垣乡	东垣村	41.25
1	南垣乡	郭店村	51.51
1	南垣乡	韩家岭村	202.87
1	南垣乡	何家岭村	346.98
1	南垣乡	河底村	424.92
1	南垣乡	刘垣村	159.96
1	南垣乡	芦家山村	485.33
1	南垣乡	马家河村	99.82
1	南垣乡	农场村	22.93
1	南垣乡	坡头村	998.63
1	南垣乡	祁寨村	339.86
1	南垣乡	山头村	228.57
1	南垣乡	苏家庄村	451.64
1	南垣乡	孙寨村	4.76
1	南垣乡	驼腰村	496.48
1	南垣乡	飞地（南）	37.71
1	南垣乡	吴家岭村	672.85
1	南垣乡	五十亩垣村	178.75
1	南垣乡	燕河村	566.17
1	南垣乡	佐村	568.5
1	南圈林场	古县国有林场	124.34
合计			21 869.41

（二）主要属性分析

本级耕地，土地较平坦，地面坡度为2°～8°，耕层质地适中，多为壤土，土体构型良好，托水保肥。有效土层厚度150～170厘米，平均为150厘米，耕层厚度为22厘米。pH的变化范围在7.03～8.43，平均值为8.02。地势平缓，无侵蚀，保水，地下水位浅且水质良好，灌溉保证率为充分满足，地面平坦，园田化水平高。

本级耕地土壤养分含量平均为：有机质15.51克/千克，全氮0.92克/千克，有效磷17.59毫克/千克，速效钾152.43毫克/千克。详见表4-4。

表4-4 古县一级地土壤养分统计

项目	平均值	最大值	最小值	标准差	变异系数
有机质（克/千克）	15.51	37.55	10.67	4.17	0.27
有效磷（毫克/千克）	17.59	31.37	7.41	3.85	0.22
速效钾（毫克/千克）	152.43	274.18	91.36	29.99	0.20
pH	8.02	8.43	7.03	0.20	0.02
缓效钾（毫克/千克）	684.38	980.72	483.80	78.15	0.11
全氮（克/千克）	0.92	1.71	0.55	0.16	0.17
有效硫（毫克/千克）	30.43	70.06	8.51	7.77	0.26
有效锰（毫克/千克）	12.17	30.00	5.00	3.02	0.25
有效硼（毫克/千克）	0.44	0.80	0.20	0.08	0.18
有效铁（毫克/千克）	7.66	24.87	3.17	2.92	0.38
有效锌（毫克/千克）	0.78	2.90	0.37	0.36	0.46
有效铜（毫克/千克）	0.97	1.86	0.54	0.17	0.18

该级耕地农作物生产历来水平较高，从农户调查表来看，小麦平均亩产201千克，春玉米亩产600千克以上，效益显著。

（三）主要存在问题

一是土壤肥力与高产高效的需求仍不适应。二是部分区域地下水资源贫乏，水位持续下降，更新深井，加大了生产成本。三是多年种菜的部分地块，化肥施用量不断提升，有机肥施用不足，引起土壤板结。尽管国家有一系列的种粮优惠政策，但最近几年农资价格的飞速猛长，使农民的种粮积极性严重受挫，对土壤管理粗放。

（四）合理利用

应加强土壤管理，防止土壤污染，合理施肥，有机肥和化肥相结合，用地养地相结合，以保持土壤良好的生产性能。本级耕地在利用上应从主攻高强筋优质小麦入手，大力发展设施农业，加快蔬菜生产发展。突出区域特色经济作物。

二、二 级 地

（一）面积与分布

主要分布在涧河、蔺河、旧县河、石壁河一带及各乡（镇）垣面的耕地，面积

60 663.59 亩，占耕地总面积的 25.28%。根据 NY/T 309—1996 比对，相当于国家的六级到七级地。见表 4-5。

表 4-5　二级地面积和分布统计

等级	乡（镇）	村	面积（亩）
2	岳阳镇	城关村	147.82
2	岳阳镇	段家垣村	9.52
2	岳阳镇	沟北村	50.15
2	岳阳镇	韩母村	9.66
2	岳阳镇	槐树村	259.78
2	岳阳镇	九倾垣村	54.56
2	岳阳镇	南坡村	293.04
2	岳阳镇	偏涧村	20.66
2	岳阳镇	烧车村	51.46
2	岳阳镇	天池村	631.99
2	岳阳镇	五马村	193.06
2	岳阳镇	西圪垛村	8.24
2	岳阳镇	下冶村	1 306.86
2	岳阳镇	贤腰村	40.46
2	岳阳镇	辛庄村	542.21
2	岳阳镇	张才村	707.24
2	岳阳镇	张家沟村	528.17
2	岳阳镇	张庄村	144.91
2	岳阳镇	哲才村	823.84
2	北平镇	北平村	385.82
2	北平镇	大南坪村	258.11
2	北平镇	党家山村	439.43
2	北平镇	圪堆村	121.54
2	北平镇	圪台村	545.98
2	北平镇	黄家窑村	283.44
2	北平镇	贾会村	108.85
2	北平镇	贾寨村	643.87
2	北平镇	交里村	364.99
2	北平镇	李子坪村	221.27
2	北平镇	芦家庄村	291.8
2	北平镇	千佛沟村	269.96
2	北平镇	上宝丰村	994.35
2	北平镇	下宝丰村	160.54

（续）

等级	乡（镇）	村	面积（亩）
2	北平镇	辛庄村	533.49
2	北平镇	北平林场	3.88
2	北平镇	大南坪林场	131.96
2	北平镇	南圈林场	72.98
2	古阳镇	安吉村	636.78
2	古阳镇	白素村	1 012.19
2	古阳镇	古阳村	347.16
2	古阳镇	江水坪村	122.33
2	古阳镇	金堆村	10.05
2	古阳镇	凌云村	1 213.59
2	古阳镇	南山村	147.29
2	古阳镇	乔家山村	465.6
2	古阳镇	热留村	646.81
2	古阳镇	上辛佛村	945.56
2	古阳镇	下辛佛村	74.96
2	古阳镇	相力村	276.62
2	古阳镇	杏家庄村	130.02
2	旧县镇	安里村	214.56
2	旧县镇	并侯村	1 786.87
2	旧县镇	韩村村	942.72
2	旧县镇	红寨村	1 306.75
2	旧县镇	旧县村	628.85
2	旧县镇	孔家垣村	981.11
2	旧县镇	钱家峪村	1 421.04
2	旧县镇	秦王庙村	476.78
2	旧县镇	外县飞地村（旧）	53
2	旧县镇	西堡村	533.85
2	旧县镇	西庄村	2 306.39
2	旧县镇	小曲村	435.18
2	旧县镇	尧店村	1 116.67
2	旧县镇	皂角沟村	452.86
2	石壁乡	高城村	1 653.75
2	石壁乡	高庄村	713.41
2	石壁乡	胡凹村	205.21
2	石壁乡	贾村村	321.43

（续）

等级	乡（镇）	村	面积（亩）
2	石壁乡	连庄村	136.65
2	石壁乡	三合村	1 244.46
2	石壁乡	上治村	1 453.81
2	石壁乡	石壁村	993.61
2	石壁乡	王滩村	431.42
2	石壁乡	五马岭村	732.4
2	石壁乡	左村村	632.25
2	永乐乡	草峪村	217.59
2	永乐乡	茨林村	411.28
2	永乐乡	大井沟村	1 047.72
2	永乐乡	范寨村	585.05
2	永乐乡	红木垣村	811.01
2	永乐乡	金家洼村	471.86
2	永乐乡	毛儿庄村	1 286.3
2	永乐乡	曲庄村	411.26
2	永乐乡	松树坡村	190.02
2	永乐乡	尧峪村	1 410.33
2	永乐乡	永乐村	1 186.34
2	永乐乡	朱家窑村	2 577.04
2	南垣乡	柏树庄村	472.36
2	南垣乡	陈香村	951.6
2	南垣乡	崔家岭村	179.61
2	南垣乡	店上村	124.08
2	南垣乡	东池村	984.91
2	南垣乡	东垣村	30.23
2	南垣乡	郭店村	174.69
2	南垣乡	韩家岭村	91.67
2	南垣乡	何家岭村	1 024.66
2	南垣乡	河底村	529.13
2	南垣乡	刘垣村	601.57
2	南垣乡	卢家岭村	43.88
2	南垣乡	芦家山村	141.77
2	南垣乡	马家河村	317.44
2	南垣乡	坡头村	20.81
2	南垣乡	祁寨村	1 092.73

（续）

等级	乡（镇）	村	面积（亩）
2	南垣乡	山头村	251.18
2	南垣乡	苏家庄村	402.1
2	南垣乡	孙寨村	187.64
2	南垣乡	唐家庄村	158.63
2	南垣乡	驼腰村	97.98
2	南垣乡	飞地（南）	320.89
2	南垣乡	吴家岭村	477.49
2	南垣乡	五十亩垣村	798.78
2	南垣乡	燕河村	663.49
2	南垣乡	佐村	1 058.59
合计			60 663.59

（二）主要属性分析

本级耕地质地多为壤土，地面坡度6°～12°，园田化水平高。有效土层厚度大于150厘米，耕层厚度平均为19.1厘米。本级土壤pH在7.18～8.28，本级耕地土壤养分平均含量为：有机质17.04克/千克，全氮0.97克/千克，有效磷13.76毫克/千克，速效钾153.48毫克/千克。详见表4-6。

表4-6　古县二级地土壤养分统计

项目	平均值	最大值	最小值	标准差	变异系数
有机质（克/千克）	17.04	45.80	9.45	5.15	0.30
有效磷（毫克/千克）	13.76	34.34	4.29	3.79	0.28
速效钾（毫克/千克）	153.48	297.36	89.20	30.45	0.20
pH	8.15	8.28	7.18	0.24	0.03
缓效钾（毫克/千克）	680.03	1 120.23	400.80	91.84	0.14
全氮（克/千克）	0.97	1.71	0.83	0.19	0.19
有效硫（毫克/千克）	29.80	93.34	12，96	7.30	0.24
有效锰（毫克/千克）	12.37	36.67	3.93	3.02	0.25
有效硼（毫克/千克）	0.47	0.90	0.21	0.10	0.21
有效铁（毫克/千克）	8.44	29.03	2.84	3.43	0.41
有效铜（毫克/千克）	1.00	2.17	0.51	0.19	0.19
有效锌（毫克/千克）	0.86	3.94	0.26	0.40	0.46

本级耕地所在区域，是古县的主要粮、瓜、果、菜产区，粮食生产处于古县上游水平。

（三）主要存在问题

盲目施肥现象严重，有机肥施用量少，由于产量高造成土壤肥力下降，农产品品质降低。

（四）合理利用

应“用养结合”，以培肥地力为主。一是合理布局，实行轮作、倒茬，尽可能做到须根与直根、深根与浅根、豆科与禾本科、夏作与秋作、高秆与矮秆作物轮作，使养分调剂、余缺互补。二是推广小麦、玉米秸秆两茬还田，提高土壤有机质含量。三是推广测土配方施肥技术，建设高标准农田。

三、三 级 地

（一）面积与分布

本级耕地分布较广，面积为 93 534.68 亩，占总耕地面积的 38.98%，是古县面积较大的一个等级。根据 NY-T 309—1996 比对，相当于国家的七级地。见表 4-7。

表 4-7　三级地面积和分布统计

等级	乡（镇）	村	面积（亩）
3	岳阳镇	城关村	271.42
3	岳阳镇	段家垣村	356.8
3	岳阳镇	沟北村	1 409.08
3	岳阳镇	韩母村	952.39
3	岳阳镇	槐树村	618.28
3	岳阳镇	九倾垣村	1 045.45
3	岳阳镇	南坡村	974.7
3	岳阳镇	偏涧村	316.9
3	岳阳镇	烧车村	136.71
3	岳阳镇	天池村	627.71
3	岳阳镇	湾里村	53.18
3	岳阳镇	五马村	600.39
3	岳阳镇	西圪垛村	286.18
3	岳阳镇	下冶村	784.76
3	岳阳镇	贤腰村	269.03
3	岳阳镇	辛庄村	645.49
3	岳阳镇	张才村	474.52
3	岳阳镇	张家沟村	533
3	岳阳镇	张庄村	641.48
3	岳阳镇	哲才村	763.31
3	北平镇	北平村	833.54

（续）

等级	乡（镇）	村	面积（亩）
3	北平镇	大南坪村	518.24
3	北平镇	党家山村	534.27
3	北平镇	圪堆村	1 238.18
3	北平镇	圪台村	1 313.58
3	北平镇	黄家窑村	244.22
3	北平镇	贾会村	877.62
3	北平镇	贾寨村	798.09
3	北平镇	交里村	325.55
3	北平镇	李子坪村	272.89
3	北平镇	芦家庄村	720.72
3	北平镇	千佛沟村	470.8
3	北平镇	上宝丰村	184.17
3	北平镇	下宝丰村	282.51
3	北平镇	辛庄村	995.04
3	古阳镇	安吉村	679.57
3	古阳镇	白素村	1 113.18
3	古阳镇	古阳村	378.66
3	古阳镇	横岭村	1 410.47
3	古阳镇	江水坪村	845.49
3	古阳镇	金堆村	1 868.46
3	古阳镇	凌云村	304.91
3	古阳镇	南山村	896.01
3	古阳镇	乔家山村	814.51
3	古阳镇	热留村	1 142.52
3	古阳镇	上辛佛村	117.57
3	古阳镇	下辛佛村	1098.1
3	古阳镇	相力村	1 503.62
3	古阳镇	杏家庄村	1 160.33
3	古阳镇	安里村	1 265.67
3	旧县镇	并侯村	1 363.24
3	旧县镇	韩村村	1 913.55
3	旧县镇	红寨村	1 256.5
3	旧县镇	旧县村	384.47
3	旧县镇	孔家垣村	344.42
3	旧县镇	钱家峪村	1 901.97

（续）

等级	乡（镇）	村	面积（亩）
3	旧县镇	秦王庙村	692.32
3		外县飞地村（旧）	50.89
3	旧县镇	西堡村	1621.61
3	旧县镇	西庄村	970.62
3	旧县镇	小曲村	824.25
3	旧县镇	尧店村	1 801.93
3	旧县镇	皂角沟村	1 587.17
3	石壁乡	高城村	1 835.24
3	石壁乡	高庄村	2 119.16
3	石壁乡	胡凹村	762.48
3	石壁乡	贾村村	554.31
3	石壁乡	连庄村	3 141.68
3	石壁乡	三合村	951.46
3	石壁乡	上治村	1 750.9
3	石壁乡	石壁村	1 706.16
3	石壁乡	王滩村	298.89
3	石壁乡	五马岭村	754.43
3	石壁乡	左村	682.44
3	永乐乡	草峪村	2 331.43
3	永乐乡	茨林村	265.35
3	永乐乡	大井沟村	1 539.08
3	永乐乡	范寨村	1 112.99
3	永乐乡	红木垣村	171.78
3	永乐乡	金家洼村	315.31
3	永乐乡	毛儿庄村	446.55
3	永乐乡	曲庄村	688.68
3	永乐乡	松树坡村	1 014.54
3	永乐乡	尧峪村	605.33
3	永乐乡	永乐村	966.36
3	永乐乡	朱家窑村	1 083.1
3	南垣乡	柏树庄村	586.16
3	南垣乡	陈香村	566.41
3	南垣乡	崔家岭村	497.52
3	南垣乡	店上村	778.86
3	南垣乡	东池村	866.91

（续）

等级	乡（镇）	村	面积（亩）
3	南垣乡	东垣村	185.34
3	南垣乡	郭店村	401.97
3	南垣乡	韩家岭村	535.4
3	南垣乡	何家岭村	299.98
3	南垣乡	河底村	687.25
3	南垣乡	刘垣村	443.51
3	南垣乡	卢家岭村	596.88
3	南垣乡	芦家山村	1 262.56
3	南垣乡	马家河村	722.6
3	南垣乡	农场村	191.34
3	南垣乡	坡头村	585.85
3	南垣乡	祁寨村	1 430.61
3	南垣乡	山头村	509.57
3	南垣乡	苏家庄村	606.59
3	南垣乡	孙寨村	675.78
3	南垣乡	唐家庄村	520.84
3	南垣乡	驼腰村	264.09
3	南垣乡	外县飞地（南）	293.9
3	南垣乡	吴家岭村	456.87
3	南垣乡	五十亩垣村	1 385.43
3	南垣乡	燕河村	628.23
3	南垣乡	佐村	1 360.61
3		大南坪林场	208.05
3		古县国有林场	205.71
总面积			93 534.68

（二）主要属性分析

本级耕地自然条件较好，地势较为平坦。耕层质地为沙壤土、轻壤土、中壤土、轻黏土、重黏土。土层深厚，有效土层厚度大于150厘米，耕层厚度为22厘米。土体构型为通体壤，地面基本平坦，平均坡度6.4°，园田化水平较高。本级耕地的pH变化范围在6.56～8.59，平均为8.17。

本级耕地土壤养分平均为：有机质16.62克/千克，全氮0.97克/千克，有效磷12.79毫克/千克，速效钾149.24毫克/千克。详见表4-8。

表 4-8　古县三级地土壤养分统计

项目	平均值	最大值	最小值	标准差	变异系数
有机质（克/千克）	16.62	38.54	7.80	4.97	0.30
有效磷（毫克/千克）	12.79	39.29	2.97	4.03	0.32
速效钾（毫克/千克）	149.24	506.02	82.72	30.05	0.20
pH	8.17	8.59	6.56	0.18	0.02
缓效钾（毫克/千克）	671.50	1 100.30	367.60	88.88	0.13
全氮（克/千克）	0.97	1.71	0.52	0.20	0.20
有效硫（毫克/千克）	29.43	80.04	5.06	7.30	0.25
有效锰（毫克/千克）	12.20	30.67	3.67	3.02	0.25
有效硼（毫克/千克）	0.48	1.07	0.20	0.10	0.21
有效铁（毫克/千克）	8.40	25.56	1.99	3.47	0.41
有效铜（毫克/千克）	1.00	2.99	0.50	0.21	0.21
有效锌（毫克/千克）	0.87	4.40	0.15	0.40	0.46

本级耕地所在区域，粮食生产水平较高，据调查统计，小麦平均亩产 180 千克，玉米平均亩产 400 千克，杂粮平均亩产 100 千克以上，效益较好。

(三) 主要存在问题

本级耕地的微量元素硼、锌等含量偏低。

(四) 合理利用

①科学种田。该区农业生产水平属中上，粮食产量高，就土壤条件而言，并没有充分显示出高产性能。因此，应采用先进的栽培技术，如选用优种、科学管理、测土配方施肥等。施肥上，有机肥和化肥相结合、大量元素与微量元素相结合提高土壤有机质含量。应多喷一些硼砂、硫酸锌等，充分发挥土壤的丰产性能，夺取各种作物高产。

②作物布局。该区今后应在种植业发展方向上主攻优质小麦、玉米生产的同时，抓好经济作物的生产。

四、四 级 地

(一) 面积与分布

本级耕地面积 46 905 亩，占总耕地面积的 19.54 %。主要分布在岳阳镇、永乐乡和石壁乡。根据 NY-T 309—1996 比对，相当于国家的七级到八级地。见表 4-9。

表 4-9　四级地面积与分布统计

等级	乡（镇）	村	面积（亩）
4	岳阳镇	城关村	53.99
4	岳阳镇	段家垣村	641.51
4	岳阳镇	沟北村	1 024.77

（续）

等级	乡（镇）	村	面积（亩）
4	岳阳镇	韩母村	463.22
4	岳阳镇	槐树村	954.67
4	岳阳镇	九倾垣村	636.7
4	岳阳镇	南坡村	212
4	岳阳镇	偏涧村	67.31
4	岳阳镇	烧车村	6.32
4	岳阳镇	天池村	620.14
4	岳阳镇	湾里村	237.24
4	岳阳镇	五马村	456.88
4	岳阳镇	西圪垛村	898.05
4	岳阳镇	下冶村	1 213.35
4	岳阳镇	贤腰村	667.12
4	岳阳镇	辛庄村	953.03
4	岳阳镇	张才村	489.08
4	岳阳镇	张家沟村	686.3
4	岳阳镇	张庄村	388.99
4	岳阳镇	哲才村	1 034.85
4	北平镇	北平村	7.41
4	北平镇	大南坪村	6.08
4	北平镇	党家山村	5.46
4	北平镇	圪堆村	376.18
4	北平镇	圪台村	18.3
4	北平镇	黄家窑村	65.55
4	北平镇	贾会村	80.17
4	北平镇	贾寨村	276.8
4	北平镇	交里村	22.19
4	北平镇	李子坪村	22.67
4	北平镇	芦家庄村	82.59
4	北平镇	千佛沟村	69.08
4	北平镇	上宝丰村	84.58
4	北平镇	下宝丰村	28.96
4	古阳镇	安吉村	978.55
4	古阳镇	白素村	397.16
4	古阳镇	古阳村	730.35
4	古阳镇	横岭村	34.14

（续）

等级	乡（镇）	村	面积（亩）
4	古阳镇	江水坪村	126.77
4	古阳镇	金堆村	93.57
4	古阳镇	凌云村	390.7
4	古阳镇	南山村	309.01
4	古阳镇	乔家山村	506.72
4	古阳镇	热留村	813.41
4	古阳镇	上辛佛村	100.2
4	古阳镇	下辛佛村	257.44
4	古阳镇	相力村	721.4
4	古阳镇	杏家庄村	122.19
4	旧县镇	安里村	1 257.31
4	旧县镇	并侯村	1 660.98
4	旧县镇	韩村村	842.98
4	旧县镇	红寨村	499.95
4	旧县镇	旧县村	157.08
4	旧县镇	孔家垣村	196.55
4	旧县镇	钱家峪村	1 403.88
4	旧县镇	秦王庙村	540.27
4	旧县镇	飞地（旧）	421.98
4	旧县镇	西堡村	914.85
4	旧县镇	西庄村	525.28
4	旧县镇	小曲村	202.51
4	旧县镇	尧店村	817.52
4	旧县镇	皂角沟村	665.53
4	石壁乡	高城村	1 443.59
4	石壁乡	高庄村	121.05
4	石壁乡	胡凹村	180.64
4	石壁乡	贾村村	1 193.78
4	石壁乡	连庄村	479.19
4	石壁乡	三合村	260.61
4	石壁乡	上治村	491.27
4	石壁乡	石壁村	1 157.05
4	石壁乡	王滩村	304.36
4	石壁乡	五马岭村	399
4	石壁乡	左村村	767.15

（续）

等级	乡（镇）	村	面积（亩）
4	永乐乡	草峪村	252.7
4	永乐乡	茨林村	215.13
4	永乐乡	大井沟村	215.28
4	永乐乡	范寨村	245.07
4	永乐乡	红木垣村	445.01
4	永乐乡	金家洼村	165.49
4	永乐乡	毛儿庄村	161.29
4	永乐乡	曲庄村	413.93
4	永乐乡	松树坡村	271.17
4	永乐乡	尧峪村	444.88
4	永乐乡	永乐村	340.66
4	永乐乡	朱家窑村	787.16
4	南垣乡	柏树庄村	351.83
4	南垣乡	陈香村	168.47
4	南垣乡	崔家岭村	164.05
4	南垣乡	店上村	450.16
4	南垣乡	东池村	366.72
4	南垣乡	东垣村	262.7
4	南垣乡	郭店村	349.56
4	南垣乡	韩家岭村	55.89
4	南垣乡	何家岭村	181.53
4	南垣乡	河底村	311.78
4	南垣乡	刘垣村	367.43
4	南垣乡	卢家岭村	408.44
4	南垣乡	芦家山村	477.56
4	南垣乡	马家河村	507.77
4	南垣乡	农场村	9.97
4	南垣乡	坡头村	170.37
4	南垣乡	祁寨村	394.91
4	南垣乡	山头村	101.54
4	南垣乡	苏家庄村	397.5
4	南垣乡	孙寨村	632.03
4	南垣乡	唐家庄村	380.5
4	南垣乡	驼腰村	162.51
4	南垣乡	飞地（南）	72.66

（续）

等级	乡（镇）	村	面积（亩）
4	南垣乡	吴家岭村	113.37
4	南垣乡	五十亩垣村	368.05
4	南垣乡	燕河村	169.4
4	南垣乡	佐村	99.42
4		大南坪林场	11.45
4		古县国营林场	102.15
合计			46 905

（二）主要属性分析

该级耕地分布范围较大，土壤类型复杂，耕层土壤质地差异较大，为中壤、轻黏、轻壤、沙壤。有效土层厚度大于150厘米，耕层厚度平均为21.52厘米。土体构型为通体壤、夹黏、深黏。地面基本平坦，坡度3°～10°，园田化水平较高。本级土壤pH在7.03～8.59，平均为8.21。

本级耕地土壤养分平均为：有机质15.69克/千克，全氮0.93克/千克，有效磷13.28毫克/千克，速效钾149.48毫克/千克，有效硼0.46毫克/千克，有效铁7.66毫克/千克；有效锌0.80毫克/千克；有效锰11.72毫克/千克，有效硫29.89毫克/千克。详见表4-10。

表4-10　古县四级地土壤养分统计

项目	平均值	最大值	最小值	标准差	变异系数
有机质（克/千克）	15.69	43.82	9.12	4.18	0.27
有效磷（毫克/千克）	13.28	33.02	3.96	3.36	0.25
速效钾（毫克/千克）	149.48	390.10	91.36	29.34	0.20
pH	8.21	8.59	7.03	0.14	0.02
缓效钾（毫克/千克）	660.55	1 080.37	384.20	90.57	0.14
全氮（克/千克）	0.93	1.59	0.62	0.16	0.18
有效硫（毫克/千克）	29.89	86.69	3.68	7.07	0.24
有效锰（毫克/千克）	11.72	26.67	3.93	2.57	0.22
有效硼（毫克/千克）	0.46	1.07	0.21	0.09	0.20
有效铁（毫克/千克）	7.66	22.09	2.33	2.60	0.34
有效铜（毫克/千克）	0.95	2.58	0.47	0.16	0.17
有效锌（毫克/千克）	0.80	4.17	0.19	0.33	0.42

主要种植作物以小麦、杂粮为主。

（三）主要存在问题

一是干旱较为严重；二是本级耕地的中量元素硫含量偏低；微量元素中的硼、铁、锌含量偏低，今后在施肥时应合理补充。

（四）合理利用

大力推广测土配方施肥技术。中产田的养分失调，大大地限制了作物增产。因此，要在不同区域中低产田上，增施有机肥料，大力推广秸秆还田，提高土壤有机质含量，促进土壤团粒结构的形成，做到以肥调水，推广测土配方施肥技术，进一步提高耕地的增产潜力。

五、五 级 地

（一）面积与分布

本级耕地分布较为分散，面积 17 013.55 亩，占总耕地面积的 7.09%。根据 NY-T 309—1996 比对，相当于国家的八级到九级地。见表 4-11。

表 4-11　五级地面积与分布统计

等级	乡（镇）	村	面积（亩）
5	岳阳镇	城关村	33.25
5	岳阳镇	段家垣村	663.45
5	岳阳镇	沟北村	382.65
5	岳阳镇	韩母村	227.81
5	岳阳镇	槐树村	611.64
5	岳阳镇	九倾垣村	466.35
5	岳阳镇	南坡村	3.52
5	岳阳镇	偏涧村	120.56
5	岳阳镇	烧车村	10.57
5	岳阳镇	天池村	34.76
5	岳阳镇	湾里村	108.06
5	岳阳镇	五马村	145.94
5	岳阳镇	西圪垛村	132.36
5	岳阳镇	下冶村	114.18
5	岳阳镇	贤腰村	39.94
5	岳阳镇	辛庄村	727.2
5	岳阳镇	张才村	83.89
5	岳阳镇	张家沟村	11.67
5	岳阳镇	张庄村	296.4
5	岳阳镇	哲才村	216.65
5	北平镇	北平村	12.21
5	北平镇	圪堆村	590.81
5	北平镇	圪台村	49.48

（续）

等级	乡（镇）	村	面积（亩）
5	北平镇	黄家窑村	7.73
5	北平镇	贾会村	8.05
5	北平镇	贾寨村	68.34
5	北平镇	交里村	214.16
5	北平镇	李子坪村	10.33
5	北平镇	芦家庄村	19.57
5	北平镇	千佛沟村	25.15
5	北平镇	上宝丰村	2.04
5	北平镇	下宝丰村	23.47
5	古阳镇	安吉村	230.45
5	古阳镇	白素村	28.58
5	古阳镇	古阳村	255.73
5	古阳镇	横岭村	7.87
5	古阳镇	江水坪村	322.96
5	古阳镇	金堆村	76.78
5	古阳镇	凌云村	36.84
5	古阳镇	南山村	142.1
5	古阳镇	乔家山村	15
5	古阳镇	热留村	29.96
5	古阳镇	上辛佛村	8.5
5	古阳镇	下辛佛村	236.97
5	古阳镇	相力村	527.72
5	古阳镇	杏家庄村	91.01
5	旧县镇	安里村	159.48
5	旧县镇	并侯村	95.63
5	旧县镇	韩村村	44.77
5	旧县镇	红寨村	15.52
5	旧县镇	孔家垣村	14.97
5	旧县镇	钱家峪村	602.69
5	旧县镇	秦王庙村	474.47
5	旧县镇	飞地村（旧）	116.51
5	旧县镇	西堡村	79.67
5	旧县镇	西庄村	101.15
5	旧县镇	小曲村	448.26
5	旧县镇	尧店村	407.51

（续）

等级	乡（镇）	村	面积（亩）
5	旧县镇	皂角沟村	730.03
5	石壁乡	高城村	74.58
5	石壁乡	高庄村	6.61
5	石壁乡	胡凹村	38.9
5	石壁乡	贾村村	24.95
5	石壁乡	连庄村	94.47
5	石壁乡	三合村	17.25
5	石壁乡	上治村	28.42
5	石壁乡	石壁村	59.92
5	石壁乡	王滩村	72.38
5	石壁乡	五马岭村	130.92
5	石壁乡	左村村	79.04
5	永乐乡	草峪村	61.52
5	永乐乡	茨林村	12.36
5	永乐乡	大井沟村	6.35
5	永乐乡	范寨村	11.04
5	永乐乡	红木垣村	25.21
5	永乐乡	金家洼村	8.39
5	永乐乡	毛儿庄村	49.55
5	永乐乡	曲庄村	28.07
5	永乐乡	松树坡村	49.68
5	永乐乡	尧峪村	9.42
5	永乐乡	永乐村	176.66
5	永乐乡	朱家窑村	31.25
5	南垣乡	柏树庄村	74.06
5	南垣乡	陈香村	50
5	南垣乡	崔家岭村	22.5
5	南垣乡	店上村	46.18
5	南垣乡	东池村	1 158.24
5	南垣乡	东垣村	5.84
5	南垣乡	郭店村	33.54
5	南垣乡	韩家岭村	14.05
5	南垣乡	何家岭村	1 258.79
5	南垣乡	河底村	73.39
5	南垣乡	刘垣村	30.65

（续）

等级	乡（镇）	村	面积（亩）
5	南垣乡	卢家岭村	148.95
5	南垣乡	芦家山村	210.39
5	南垣乡	马家河村	113.65
5	南垣乡	农场村	0.55
5	南垣乡	坡头村	6.86
5	南垣乡	祁寨村	180.88
5	南垣乡	山头村	8.75
5	南垣乡	苏家庄村	2.85
5	南垣乡	孙寨村	84.04
5	南垣乡	唐家庄村	14.34
5	南垣乡	驼腰村	35.58
5	南垣乡	飞地（南）	402.47
5	南垣乡	吴家岭村	13.57
5	南垣乡	五十亩垣村	45.24
5	南垣乡	燕河村	684.29
5	南垣乡	佐村	286.19
5		北平林场	9.17
5		大南坪林场	66.89
5		古县国有林场	71.39
合计			17 013.55

（二）主要属性分析

该区域土壤耕层质地为重壤、轻黏土、轻壤、沙壤，有效土层厚度大于150厘米，耕层厚度平均为21.91厘米，土体构型为深黏、夹黏，低山丘陵坡地或山地，地面有一定的坡度。地下水位深，有不同程度的淋溶作用，形成较明显的黏化层，土壤熟化程度高，保水保肥性较强。pH在6.40～8.59，平均为8.23。

本级耕地土壤养分平均为：有机质14.99克/千克，全氮0.91克/千克，有效磷13.37毫克/千克，速效钾150.00毫克/千克。详见表4-12。

表4-12　古县五级地土壤养分统计

项目	平均值	最大值	最小值	标准差	变异系数
有机质（克/千克）	14.99	40.52	8.79	3.85	0.26
有效磷（毫克/千克）	13.37	34.34	3.63	3.63	0.27
速效钾（毫克/千克）	150.00	459.65	80.56	29.47	0.20
pH	8.23	8.59	6.40	0.14	0.02
缓效钾（毫克/千克）	674.90	1 040.51	450.60	90.83	0.13

（续）

项目	平均值	最大值	最小值	标准差	变异系数
全氮（克/千克）	0.91	1.59	0.54	0.16	0.17
有效硫（毫克/千克）	29.84	80.04	12.96	7.82	0.26
有效锰（毫克/千克）	11.50	28.66	3.93	2.48	0.22
有效硼（毫克/千克）	0.47	0.96	0.22	0.10	0.21
有效铁（毫克/千克）	7.29	20.70	1.82	2.65	0.36
有效铜（毫克/千克）	0.94	2.83	0.43	0.15	0.16
有效锌（毫克/千克）	0.81	2.80	0.28	0.30	0.37

种植作物以小麦、杂粮为主。

（三）主要存在问题

耕地土壤养分中量，微量元素含量低，地下水位较深，干旱严重。

（四）合理利用

改良土壤，主要措施是除增施有机肥、秸秆还田外，还应种植苜蓿、豆类等养地作物，通过轮作倒茬，改善土壤理化性质。在施肥上除增加农家肥施用量外，应多施氮肥、平衡施肥，搞好土壤肥力协调。整修梯田，减少水土流失，培肥地力，建设高产基本农田。

第五章　中低产田类型、分布及改良利用

第一节　中低产田类型及分布

中低产田是指农作物产量（主要是粮食产量）低下的耕地，也就是那些土壤各因子不相协调、生产设施不配套、生产环境不良、耕作措施不当、产出水平低的耕地。

通过对古县耕地地力状况的调查，根据土壤主导障碍因素的改良主攻方向，依据中华人民共和国农业部发布的行业标准 NY/T 310—1996，结合古县实际进行分析，古县中低产田包括如下三个类型：坡地梯改型、干旱灌溉改良型、瘠薄培肥型。中低产田面积为 207 036.53 亩，占总耕地面积的 86.27%。各类型面积情况统计见表 5-1。

表 5-1　古县中低产田各类型面积情况统计

类　型	面积（亩）	占耕地总面积（%）	占中低产田面积（%）
坡地梯改型	48 094	20.04	23.23
干旱灌溉改良型	11 944.76	4.98	5.77
瘠薄培肥型	146 997.77	61.25	71
合　　计	207 036.53	86.27	100

一、坡地梯改型

这类耕地基本为坡耕地，坡度在 10°～20°。由于坡度大，农业耕作粗放，生产力水平极低，水土流失十分严重，可导致土体滑坡和重力垮塌。其主要障碍因素为土壤侵蚀。改造应以整治坡面水系、降低田面坡度为主，采取各种措施将自然降水尽可能多的保蓄下来，提高作物对降水的利用率。治理的主要途径是：修水平梯田，沟底打坝淤地，增厚土层，同时辅以生物措施及耕作措施。

古县县坡地改良型中低产田面积为 4.809 4 万亩，占总耕地面积的 20.04%。主要分布于古县古阳镇、岳阳镇、旧县镇和永乐乡等 4 个乡（镇）。

二、干旱灌溉改良型

干旱灌溉改良型是指由于气候条件造成的降水不足或季节性出现不均，又缺少必要的调蓄手段，以及地形、土壤性状等方面的原因，造成的保水、蓄水能力的缺陷，不能满足作物正常生长对水分的需求，但又具备水源开发条件，可以通过发展灌溉加以改良的耕地。

古县县灌溉改良型中低产田面积1.194 5万亩，占总耕地面积的4.98%。主要分布在岳阳镇的五马村、偏涧村；石壁乡的贾村、高庄村、三合村；旧县镇的西堡村、五马岭村。

三、瘠薄培肥型

瘠薄培肥型是指受气候、地形条件限制，造成干旱、缺水、土壤养分含量低、结构不良、投肥不足、产量低于当地高产农田，只能通过连年深耕、培肥土壤、种植养地作物、改革耕作制度、采用轮作倒茬、间作套种等措施进行改良。

古县瘠薄培肥型中低产田面积为14.699 8万亩，占耕地总面积的61.25%。主要分布于北平镇、古阳镇、岳阳镇、旧县镇、永乐乡、南垣乡等6个乡（镇）。

第二节　生产性能及存在问题

一、坡地梯改型

该类型区地面坡度>15°，水土流失严重，以中度侵蚀为主，土壤类型以褐土性土为主，土壤养分含量低，耕层厚度18～20厘米，地力等级多为3～5级。存在的主要问题是耕作粗放，水土流失严重，土壤干旱瘠薄、耕层浅。

二、干旱灌溉改良型

主要分布于岳阳镇东南部和石壁乡。土壤耕性良好，宜耕期长，保水保肥性能较好。土壤类型为石灰性褐土，土壤母质为黄土状，地面坡度0°～9°，园田化水平较高，有效土层厚度>150厘米。耕层厚度23厘米，地力等级为4～5级。存在的主要问题是地下水源缺乏，水利条件差，灌溉保证率<60%。

古县干旱灌溉改良型土壤有机质含量17.62克/千克，全氮0.99克/千克，有效磷12.28毫克/千克，速效钾150.06毫克/千克。见表5-2。

表5-2　古县中低产田各类型土壤养分含量平均值情况统计

类　型	有机质（克/千克）	全氮（克/千克）	有效磷（毫克/千克）	速效钾（毫克/千克）
坡地梯改型	17.15	0.97	13.76	154.48
干旱灌溉改良型	17.62	0.99	12.28	150.06
瘠薄培肥型	15.95	0.94	13.13	149.53

三、瘠薄培肥型

该类型区域土壤轻度侵蚀或中度侵蚀，多数为旱耕地，高水平梯田和缓坡梯田居多，土壤类型是褐土性土，各种地形、各种质地均有。有效土层厚度>150 厘米，耕层厚度 22 厘米，地力等级为 2～4 级，耕层养分含量有机质 15.95 克/千克，全氮 0.94 克/千克，有效磷 13.13 毫克/千克，速效钾 149.53 毫克/千克。存在的主要问题是田面不平，水土流失严重，干旱缺水，土质粗劣，肥力较差。

第三节　改良利用措施

古县中低产田面积 20.703 万亩，占全县总耕地面积的 86.27%，严重影响全县农业生产的发展和农业经济效益的提高，应因地制宜进行改良。

总体上讲，中低产田的改良培肥是一项长期而艰巨的任务。通过工程、生物、农艺、化学等综合措施，消除或减轻中低产田土壤限制农业产量提高的各种障碍因素，提高耕地基础地力，其中耕作培肥对中低产田的改良效果是极其显著的，具体措施如下。

1. 施有机肥　增施有机肥能增加土壤有机质含量，改善土壤理化性状并为作物生长提供营养物质。据调查，有机肥的施用量达到每年 2 000～3 000 千克/亩，连续施用 3 年，可获得理想效果。主要通过秸秆还田和施用堆肥、厩肥、人粪尿及禽畜粪便来实现。

2. 合理施肥　依据当地土壤实际情况和作物需肥规律选用合理配比，有效控制化肥不合理施用对土壤性状的影响，达到提高农产品品质的目的。

（1）巧施氮肥：速效性氮肥极易分解，通常施入土壤中的氮素化肥的利用率只有 25%～50%，或者更低。这说明施入土壤中的氮素，挥发渗漏损失严重。所以在施用氮素化肥时一定要注意施肥方法、施肥量和施肥时期，以提高氮肥利用率，减少损失。

（2）重施磷肥：古县地处黄土高原，属石灰性土壤。土壤中的磷常被固定，而不能发挥肥效。加上部分群众重氮轻磷，作物吸收的磷得不到及时补充。试验证明，在缺磷土壤上增施磷肥增产效果明显。同时增施人粪尿与骡马粪堆沤肥，其中的有机酸和腐殖酸能促进非水溶性磷的溶解，提高磷素的活力。

（3）因地施用钾肥：古县土壤中钾的含量虽然在短期内不会成为限制农业生产的主要因素，但随着农业生产进一步发展和作物产量的不断提高，土壤中有效钾的含量也会处于不足状态，所以在生产中，应定期监测土壤中钾的动态变化，及时补充钾素。

（4）重视施用微肥：作物对微量元素肥料需要量虽然很小，但能提高农产品产量和品质，有其他大量元素不可替代的作用。据调查，全县土壤硼、锌、锰、铁等含量均不高，近年来棉花施硼，玉米、小麦施锌试验，增产效果均很明显。

然而，不同的中低产田类型有其自身的特点，在改良利用中应针对这些特点，采取相应的措施，现分述如下。

一、坡地梯改型中低产田的改良利用

1. 梯田工程　此类地形区的深厚黄土层为修建水平梯田创造了条件。梯田可以减少坡长，使地面平整，变降水的坡面径流为垂直入渗，防止水土流失，增强土壤水分储备和抗旱能力，可采用缓坡修梯田、陡坡种林木，增加地面覆盖度。

2. 增加梯田土层及耕作熟化层厚度　新建梯田的土层厚度相对较薄，耕作熟化程度较低。梯田土层厚度及耕作熟化层厚度的增加是这类田地改良的关键。梯田土层厚度的一般标准为：土层厚度大于 80 厘米，耕作熟化层厚度大于 20 厘米，有条件的应达到土层厚度大于 100 厘米，耕作熟化层厚度大于 25 厘米。

3. 农、林、牧并重　此类耕地今后的利用方向应是农、林、牧并重，因地制宜，全面发展。此类耕地应发展种草、植树，扩大林地和草地面积，促进养殖业发展，将生态效益和经济效益结合起来，如实行农（果）林复合农业。

二、干旱灌溉改良型中低产田的改良利用

1. 水源开发及调蓄工程　干旱灌溉型中低产田地处位置，具备水资源开发条件。在这类地区增加适当数量的水井，修筑一定数量的调水、蓄水工程，以保证一年一熟地浇水 3～4 次，一年两熟地浇水 4～5 次。

2. 田间工程及平整土地　一是平田整地，采取小畦浇灌，节约用水，扩大浇水面积。二是积极发展管灌、滴灌，提高水的利用率。

三、瘠薄培肥型中低产田的改良利用

1. 平整土地与条田建设　将平坦垣面及缓坡地规划成条田，平整土地，以蓄水保墒。有条件的地方，开发利用地下水资源和引水上垣，逐步扩大垣面水浇地面积。通过水土保持和提高水资源开发水平，发展粮果生产。

2. 实行水保耕作法　在平川区推广地膜覆盖、生物覆盖等旱作农业技术；山地、丘陵推广丰产沟田或者其他高耕作物及种植制度和地膜覆盖、生物覆盖等，有效保持土壤水分，满足作物需求，提高作物产量。

3. 大力兴建林带植被　因地制宜地造林、种草与农作物种植有效结合，兼顾生态效益和经济效益，发展复合农业。

第六章　耕地地力调查与质量评价的应用研究

第一节　耕地资源合理配置研究

一、耕地数量与人口发展现状分析

古县是一个山区小县，20 世纪 80～90 年代人均耕地面积 4 亩多，高于全省人均耕地 2.6 亩和全国平均水平。相对而言，古县土地资源比较丰富，但随着人口的不断增长，现有耕地 24 万亩，人口数量 9.2 万人，人均耕地为 2.6 亩，与全省人均耕地 2.6 亩和全国平均水平持平。随着全县经济社会的不断发展，在今后一定时期内，仍需要调整一定数量的耕地用于城镇化建设、产业调整、生态农业建设等，耕地面积会继续减少。但耕地是不可再生资源，古县耕地后备资源开发利用十分有限，人增地减的矛盾将日益突出。从古县人民的生存和全县经济可持续发展的高度出发，采取措施，实现全县耕地总量动态平衡刻不容缓。

从土地利用现状看，古县的非农建设用地利用粗放，节约、集约利用空间大。要正确把握县域人口、经济发展与耕地资源配置的密切联系和内在规律，妥善处理保障发展与保护耕地的关系，统筹土地资源开发、利用、保护，促进耕地资源的可持续利用。一是科学控制人口增长；二是树立全民节地观念，开展村级内部改造和居民点调整，退宅还田；三是开发复垦土地后备资源和废弃地等，增大耕地面积；四是加强耕地地力建设。

二、耕地地力与粮食生产能力现状分析

（一）耕地粮食生产能力

耕地是人类获取食物的重要基础，耕地生产能力是决定粮食产量的重要因素之一。近年来，受人口、经济增长等因素的影响，耕地减少、粮食需求量增加。人口与耕地、粮食之间的矛盾日益突出，不容乐观。保证粮食需求，挖掘耕地生产潜力已成为建设现代农业生产中的大事。

耕地的生产能力是由土壤本身的肥力作用所决定的，其生产能力分为现实生产能力和潜在生产能力。

1. 现实生产能力　古县现有耕地面积为 24 万亩（包括已退耕还林及园林面积），而中低产田就有 20.703 万亩之多，占总耕地面积的 86.27%，而且大部分为旱地。这必然造成全县现实生产能力偏低的现状。再加之农民对施肥，特别是有机肥的忽视，以及耕作管理措施的粗放，这都是造成耕地现实生产能力不高的原因。2011 年，全县粮食播种面

积为 23.93 万亩，粮食总产量为 5.46 万吨，亩产约 228.2 千克；油料作物播种面积为 0.42 万亩，总产量为 400.4 吨，亩产约 95.33 千克，蔬菜面积为 0.46 万亩，总产量为 0.86 万吨，亩产为 1 869.57 千克（表 6-1）。

表 6-1　古县 2011 年粮食产量统计

作物	总产量（万吨）	平均单产（千克）
粮食总产量	5.46	228.2
小麦	1.80	179.5
玉米	3.15	353.5
豆类	0.27	155.6
谷子	0.08	152.9
薯类	0.14	270.9

古县总耕地面积 24 万亩，其中水浇地 1.08 万亩，占耕地总面积的 4.5%；旱地 22.92 万亩，占耕地总面积的 95.5%。中低产田 20.703 万亩，占耕地总面积的 86.27%，灌溉条件差，总水量的供需不够平衡。

2. 潜在生产能力　生产潜力是指在正常的社会秩序和经济秩序下所能达到的最大产量。从历史的角度和长期的利益来看，耕地的生产潜力是比粮食产量更为重要的粮食安全因素。

古县土地资源较为丰富，土质、光热资源等条件适宜种植粮食及瓜果、菜等各种作物。经过对全县地力等级的评价，全县现有耕地中，一级、二级地占总耕地面积的 34%，三至五级地占总耕地面积的 66%。中低产田 20.703 万亩，占耕地总面积的 86.27%。分 3 个类型：其中坡地梯改型 4.809 4 万亩，占总耕地面积的 20.04%；干旱灌溉改良型 1.195 万亩，占总耕地面积的 4.98%；瘠薄培肥型 14.7 万亩，占总耕地面积的 61.25%。旱、薄是造成全县现实生产能力偏低的主要因素。纵观全县近年来的粮食、油料、蔬菜的平均亩产量和全县农民对耕地的经营状况，全县耕地还有巨大的生产潜力可挖。如果在农业生产中加大有机肥的投入，采取测土配方施肥措施和科学合理的耕作技术，全县耕地的生产能力还可以提高。通过近几年对小麦、谷子、玉米测土配方施肥观察点统计分析，配方施肥区较习惯施肥区的增产率都在 15%左右，甚至更高。只要进一步提高农业投入比重，提高劳动者素质，下大力气加强农业基础建设，特别是农田水利建设，就能稳步提高耕地综合生产能力和产出能力，实现农民增收。

（二）不同时期人口、食品构成及粮食需求分析

农业是国民经济的基础，粮食是关系国计民生和国家自立与安全的特殊产品。从新中国成立初期到现在，全县人口数量、食品构成和粮食需求都在发生着巨大变化。新中国成立初期居民食品构成主要以粮食为主，也有少量的肉类食品，水果、蔬菜的比重很小。随着经济社会的发展，人民生活质量逐年提高，物质供应日益丰富，居民膳食结构发生了变化。据统计资料，1999 年城镇居民人均购买粮食 111.8 千克，油 7.6 千克，肉蛋类 19.9 千克，蔬菜 99.2 千克；2008 年城镇居民人均购买粮食 53 千克，油 8.1 千克，肉蛋类 22.1 千克，蔬菜 135.9 千克。与 1999 年比，人均购买粮食下降 53%，人均购买油、肉蛋

类、蔬菜分别上涨6.6%、11%、37%。

古县人均粮食需求按国际通用粮食安全400千克计，全县人口自然增长率以6.2%计，到2015年，共有人口9.77万人，全县粮食需求总量预计将达到3.908万吨，增加0.228万吨。

（三）粮食安全警戒线

粮食是关系国计民生的重要的产品，保障粮食安全是我国农业现代化的首要任务。近几年来世界粮食危机已给一些国家经济发展和社会安定造成一定不良影响，也给我国的粮食安全敲响了警钟。近年来国家出台了粮食补贴等一系列惠农政策，对鼓励农民发展粮食生产、稳定粮食面积起到了积极作用。但种粮效益不高，加之农资价格上涨等诸多客观因素的影响，尤其古县北部地区农民种粮积极性不高，没有从根本上调动农民种植粮食的积极性，全县粮食单产没有实现较大幅度提高。2011年古县人均粮食593千克，高于当前国际公认的年人均400千克粮食安全警戒线标准。但我国粮食安全形势整体严峻，因此要居安思危。

三、现有耕地资源配置意见

在确保县域经济发展、确保耕地红线的前提下，进一步优化古县耕地资源利用结构，合理配置其他作物种植比例，是当前及今后一段时间内的主要任务。结合古县耕地地力评价成果，对全县耕地资源进行如下配置：全县现有24万亩耕地，其中17万亩用于种植小麦、玉米等主粮作物，占用耕地面积的71 %，以满足全县人口对粮食的需求；谷子2万亩，占8 %；薯类0.5万亩，占2%，瓜菜2万亩，占8%；中药材2万亩，占8%，油料等其他作物0.5万亩，占2%。

根据《土地管理法》和《基本农田保护条例》划定全县基本农田保护区，将水利条件、土壤肥力条件好，自然生态条件适宜的耕地划为口粮和国家商品粮生产基地，严禁占用。在耕地资源利用上，必须坚持基本农田总量平衡的原则。一是建立完善的基本农田保护制度，用法律保护耕地。二是明确各级政府在基本农田保护中的责任，严控占用保护区内耕地，严格控制城乡建设用地。三是实行基本农田损失补偿制度，实行谁占用、谁补偿的原则。四是建立监督检查制度，严厉打击无证经营和乱占耕地的单位和个人。五是建立基本农田保护基金，县政府每年投入一定资金用于基本农田建设，大力挖潜存量土地。六是合理调整用地结构，用市场经营利益导向调控耕地。同时，在耕地资源配置上，要以粮食生产安全为前提，以农业增效、农民增收为目标，逐步提高耕地质量，调整种植业结构，推广优质农产品，应用优质、高效、安全栽培技术，提高耕地利用率。

第二节　耕地地力建设与土壤改良利用对策

一、耕地地力现状及特点

耕地质量包括耕地地力和土壤环境质量两个方面，此次调查与评价共涉及耕地土壤点位 3 600 个，主要调查了全县耕地土壤肥力及生产现状。经过历时 3 年对全县土壤采集样品测试分析，基本查清了全县耕地地力现状与特点。

古县土壤以壤质土为主，全县 3 600 个样点耕地土壤养分测定结果表明，有机质平均含量 16.19 克/千克，属省三级水平；全氮平均含量为 0.948 克/千克，属省四级水平；有效磷含量平均为 13.46 毫克/千克，属省四级水平；速效钾含量为 150.45 毫克/千克，属省四级水平。中微量元素养分含量硫、铜、锌、锰、铁属于四级水平，硼属于五级水平。

（一）耕地土壤养分含量普遍提高

从这次调查结果看，古县耕地土壤有机质含量与第二次土壤普查的 11.3 克/千克相比提高了 4.89 克/千克 ；全氮平均含量与第二次土壤普查的 0.74 克/千克相比提高了 0.208 克/千克；有效磷平均含量与第二次土壤普查的 3.2 毫克/千克相比提高了 10.26 毫克/千克；速效钾平均含量与第二次土壤普查的平均含量 138.9 毫克/千克相比提高了 11.55 毫克/千克。（第二次土壤普查速效钾化验方法为四苯硼钠比浊法，这次调查速效钾化验方法为火焰光度计法）

（二）园田化水平较高

据调查，古县 70%的以上的耕地为旱平地、水平梯田，其田面基本平坦、土层深厚。农业耕、种、收综合机械化水平达到 50.3%。利于发展现代农业。

（三）土质良好，土壤熟化度高

古县耕层土壤质地 87.8%为轻壤土，其肥力典型特点是：孔隙大小适宜，通气透水良好，沙黏比例适中，保水保肥力较强，既发小苗又发老苗，土温温和稳定，肥劲匀且时长，耕作性能良好，宜种作物较广。是古县比较理想的耕作土壤质地。古县农业历史悠久，经多年的耕作培肥，土壤熟化程度高。据调查，有效土层厚度平均达 150 厘米左右，耕层厚度为 19～25 厘米。

二、存在主要问题及原因分析

（一）中低产田面积较大

依据《山西省中低产田划分与改良技术规程》调查，古县中低产田面积约 20.703 万亩，占耕地总面积的 86.27%。主要原因：一是自然条件因素，全县地形复杂，坡、沟、梁、峁、垣俱全，缓坡梯田、坡耕地水土流失严重。二是农田基本建设投入不足，改造措施力度不够。三是水利资源开发利用不充分，配置不合理，水利设施不完善。四是农民没有自觉改造中低产田的积极性。

（二）农民培肥观念差，重用轻养

种粮效益低，农民没有“养地”的积极性，造成科技投入不足，耕作管理粗放，耕地生产率低。

（三）施肥结构不合理

在农作物施用肥料上存在的问题，突出表现在“四重四轻”：第一，重经济作物、轻粮食作物；第二，重成本较低的单质肥料、轻价格较高的专用肥料和复混肥料；第三，重化肥、轻农家肥。第四，重大量元素、轻微量元素。

三、耕地培肥与改良利用对策

（一）多种渠道提高土壤肥力

1. 增施有机肥，提高土壤有机质 近年来，由于农家肥源不足和化肥的大量施用，全县耕地有机肥施用量呈逐年下降的趋势。采取以下措施加以解决。①大力推广小麦、玉米秸秆还田。②种植绿肥，实施绿肥压青。③广种饲草，增加畜禽，以牧养农。

2. 合理轮作 通过不同作物合理轮作倒茬，保障土壤养分平衡。大力推广粮、油轮作，玉米、大豆立体间套作，小麦、大豆轮作等技术模式，实现土壤养分协调利用。

（二）测土配方施肥

1. 巧施氮肥 速效性氮肥极易分解，通常施入土壤中的氮素化肥的利用率只有25％～50％，或者更低。这说明施入土壤中的氮素，挥发渗漏损失严重。所以在施用氮肥时一定要注意施肥量、施肥方法和施肥时期，提高氮肥利用率，减少损失。

2. 稳施磷肥 古县地处黄土高原，属石灰性土壤，土壤中的磷常被固定，而不能发挥肥效。加上长期以来群众重氮轻磷，作物吸收的磷得不到及时补充。试验证明，在缺磷土壤上增施磷肥增产效果明显。可以增施人粪尿、畜禽肥等有机肥，其中的有机酸和腐殖酸能促进非水溶性磷的溶解，提高磷素的活力。

3. 因地施用钾肥 古县土壤中钾的含量处于中等偏上水平，在短期内不会成为农业生产的主要限制因素，但随着农业生产进一步发展和作物产量的不断提高，土壤中有效钾的含量也会处于不足状态，因此，应定期监测土壤中钾的动态变化，及时补充钾素。

4. 重视施用微肥 作物对微量元素肥料的需要量虽然很少，但对提高农产品产量和品质却有大量元素不可替代的作用。据调查，全县土壤硼、锌、铁、铜、锰等含量均不高。因作物合理补施微肥，增产效果很明显。如玉米施锌等。

（三）因地制宜改良中低产田

古县中低产田面积比较大，影响了耕地产出水平。因此，要从实际出发，针对不同类型的中低产田，对症下药、分类改良。具体改良措施，详见本书第六章第二节《中低产田改良利用措施》。

四、成果应用与典型事例

典型1——古县古阳镇白素村4 614.01亩示范区旱薄地土壤培肥

古县古阳镇白素村，耕地面积4 614.01亩。有机质含量8.3克/千克，全氮0.52克/千克，有效磷9.2毫克/千克，速效钾181.3毫克/千克，pH为8.0。2009年实施旱薄地土壤培肥项目后，小麦秸秆还田3 834.44亩，秸秆还田量963.9吨；增施畜禽肥827.31亩；加厚耕作层779.57亩；测土配方施肥4 614.01亩；实施抗旱保墒3 834.44亩；实施化学改良（施用硫酸亚铁）827.31亩。通过项目建设，改善了项目区生产条件，扩大了复播面积；加厚了耕地活土层，充分接纳雨水；增加了秸秆还田量，提高了土壤肥力。

通过旱薄地培肥项目，项目区4 614.01亩旱薄地，其中小麦播种2 684.44亩，复播玉米 703 亩，平均亩产 359.8 千克，年总增产 22.9 万千克，按玉米价格 1.7 元/千克计，增收 38.93 万元，新增耕地 827.31 亩农田。

典型 2——古县胡洼村谷子测土配方施肥技术应用

古县胡洼村地处东部山区，总耕地面积 2 800 余亩。土壤种类以褐土性土为主，质地多中壤。平均海拔 963 米。谷子为当地农业的优势产业之一，常年播种面积 300 亩，占该村总耕地面积的 10.71%。因受自然生产条件的制约，谷子产量一直徘徊不前，没有发挥出产业优势。

2010 年，该村为全县测土配方施肥重点示范区，建立千亩谷子测土配方施肥示范基地。根据对土壤测试数据和田间试验结果的综合分析，划分施肥类型区，针对性地制订出谷子配方施肥建议卡 100 份，发放配方施肥建议入户率达到 100%。项目实施以来，该村千亩谷子示范田连获丰收。尤其是在 2011 年，施用配方肥料的谷子平均亩产 336 千克，较习惯施肥区平均亩增产 30 千克，增产率 9.8%；施用配方肥料较习惯施肥亩节约用肥 3 千克，亩节本 4.5 元，亩节本增效达到 87 元。良好的经济效益，带动了示范区及周边地区测土配方施肥技术的推广。

第三节 农业结构调整与适宜性种植

近年来，古县的农业结构调整取得了突出的成绩，但农业基础设施薄弱，靠天吃饭的局面没有取得根本性的扭转。为适应 21 世纪我国现代化农业发展的需要，增强古县优势农产品参与国际市场竞争的能力，有必要对全县的农业结构现状进行进一步的战略性调整，从而促进全县优质、高效农业的发展。

一、农业结构调整的原则

古县在调整种植业结构中，应遵循下列原则：

一是力争与国际农产品市场接轨，增强全县农产品在国际、国内经济贸易的竞争力。

二是利用不同区域的生产条件、技术装备水平及经济基础，充分发挥地域优势。

三是利用耕地评价成果，合理粮、经作物的耕地配置。

四是采用耕地资源信息管理系统，为区域结构调整的可行性提供宏观决策与技术服务。

五是保持行政村界线的基本完整。

二、农业结构调整的依据

通过本次对古县种植业布局现状的调查，综合验证，认识到目前的种植业布局还存在许多问题，需要在区域内部加大调整力度，进一步提高生产力和经济效益。

根据此次耕地质量的评价结果，古县的种植业内部结构调整，主要依据不同耕地类型综合生产能力综合考虑，具体为：

一是按照三大不同地貌类型，因地制宜规划，在布局上做到宜农则农、宜林则林、宜牧则牧。

二是按照耕地地力评价出1～5个等级标准，以各个地貌单元中所代表面积的数值衡量，以适宜作物发挥最大生产潜力来分布，做到高产高效作物分布在1～2级耕地为宜，中低产田应在改良中调整。

三、土壤适宜性及主要限制因素分析

古县土壤适宜性强，小麦、玉米、甘薯等粮食作物及经济作物，如蔬菜、西瓜、药材、苹果等都适宜古县种植。

但种植业的布局除了受土壤质地作用外，还要受到地理位置、水分条件等自然因素和经济条件的限制。在山地、丘陵等地区，由于此地区沟壑纵横，土壤肥力较低，土壤较干旱，气候凉爽，农业经济条件也较为落后，因此要在管理好现有耕地的基础上，将人力、资金和技术逐步转移到非耕地的开发上，大力发展林、牧业，建立农、林、牧结合的生态体系，使其成为林、牧产品的生产基地。

在种植业的布局中，必须充分考虑到各地的自然条件、经济条件，合理利用自然资源，对布局中遇到的各种限制因素，应考虑到它影响的范围和改造的可行性，合理布局生产，最大限度地、持久地发掘自然生产潜力，做到地尽其力。

四、种植业布局分区建议

根据古县种植业布局分区的原则和依据，结合本次耕地地力调查与质量评价结果，古县划分为四大种植区，分区概述。

（一）河川流域蔬菜种植区

该区位于涧河流域及石壁河、旧县河、尧峪河流域包括古阳镇白素村、岳阳镇五马村、石壁河两岸，面积10 000亩。

1. 区域特点 本区海拔600～850米，土壤以石灰性褐土为主。交通便利，地势平坦，土壤肥沃，耕性良好。水土流失轻微，地下水位较浅，水源比较充足，属灌溉区，水利设施好。年平均气温11.8℃左右，年降水558.5毫米，无霜期183天，气候温和，热量充足。园田化水平高，农业生产条件优越，农业生产水平较高，是古县的菜、果主产区。土壤养分平均含量：pH为8.0、有机质21.4克/千克、全氮1.07克/千克、有效磷13.47毫克/千克、速效钾162毫克/千克、有效铁7.04毫克/千克、有效锰12.03毫克/千克、有效铜1.09毫克/千克、有效锌0.99毫克/千克、有效硼0.48毫克/千克、有效硫31.85毫克/千克。

2. 种植业发展方向 本区以建设设施蔬菜基地为主攻方向。大力发展高产、高效粮田；扩大设施蔬菜面积，适当发展水果。在现有基础上，优化结构，建立无公害生产基地。

3. 主要保障

（1）完善排灌系统，扩大灌溉面积，合理利用水资源。

（2）千方百计增施有机肥，搞好测土配方施肥，增加微肥的施用。

（3）对土层较薄的河滩地，实行人工堆垫，加厚土层。

（二）中南部丘陵小麦、瓜果、药材种植区

该区位于县境南部，属黄土丘陵沟壑地貌区，是古县的粮食生产基地，包括南垣乡、旧县镇、石壁乡、岳阳镇面积 10 000 亩。

1. 区域特点　平均海拔 898 米，土壤类型为褐土性土，质地为轻壤、中壤。地貌丘陵起伏，梁峁相连，沟壑纵横，多切沟发育，黄土深厚。全年 10℃以上积温 3 902℃，年降水量 534.7 毫米，无霜期平均 206 天。园田化水平较高，机械化程度高。区内土壤养分平均含量为：pH 为 8.1、有机质 14.6 克/千克、全氮 0.94 克/千克、有效磷 13.73 毫克/千克、速效钾 139 毫克/千克、有效铁 8.90 毫克/千克、有效锰 11.94 毫克/千克、有效铜 0.97 毫克/千克、有效锌 0.87 毫克/千克、有效硼 0.48 毫克/千克、有效硫 30.77 毫克/千克。是古县的小麦主产区。

2. 种植业发展方向　建设无公害小麦生产基地 6 万亩，核桃间作中药材 2 万亩，西瓜、水果 2 万亩。

3. 主要保障措施

（1）广辟有机肥源、增施有机肥，合理施用化肥。

（2）实现田、林、路、旱井四配套，提高土地综合生产能力。

（3）合理轮作倒茬，科学管理。

（4）建设无公害小麦基地，形成规模，提高市场竞争力。重点抓好旧县镇并侯村、南垣乡陈乡村核桃间作中药材示范基地，带动南部核桃经济区发展。同时以佐村大棚西瓜种植示范园区建设为主攻方向，发展特色农业。

（三）旱垣地高产玉米、谷子种植区

该区主要以旧县镇西庄、永乐乡尧峪村、石壁乡胡洼村为中心，包括南垣乡部分村，面积 80 000 亩左右。

1. 区域特点　该区地势北高南低，平均海拔 900 米，属暖温带大陆性季风气候，年平均气温 11.8℃，昼夜温差大，常年降水量 500 毫米左右，无霜期 180 天左右。区内耕地养分平均含量：pH 为 8.0、有机质 15.8 克/千克、全氮 0.95 克/千克、有效磷 12.9 毫克/千克、速效钾 139 毫克/千克、有效铁 8.38 毫克/千克、有效锰 10.91 毫克/千克、有效铜 0.91 毫克/千克、有效锌 0.85 毫克/千克、有效硼 0.45 毫克/千克、有效硫 28.44 毫克/千克，土壤微量元素含量平均值高于全县平均水平。该区是古县的玉米主产区。

2. 种植业发展方向　在胡洼、西庄和尧峪村的肥旱地仍以种植高产玉米为主，通过选用高产品种和各种综合栽培措施，保证玉米亩产 750 千克，实现亩纯收入 1 000 元。在公路沿线的部分中产田，胡洼、西庄和尧峪村的小块地以及孔家垣的下坡地发展优质谷子，通过各项综合措施，实现平均亩产 350 千克以上，亩纯收入 1 060 元，其中根据订单适度发展特色黑谷、绿谷种植。由于谷子是忌连茬作物，在第二年小麦收获后复播谷子或者早熟玉米收获后复播小麦，采用“玉米（早熟）—小麦—谷子”两年三作的种植模式，扩大谷子的发展规模，增加土地复种指数，提高垣面农民的收入。发展中药材生产基地建

设，实现亩纯收入 2 000 元。

3. 主要保障措施

（1）加大土壤培肥力度，全面推广多种形式秸秆还田，以增加土壤有机质，改良土壤理化性状。

（2）注重作物合理轮作，坚决杜绝多年连茬。

（3）搞好基地建设，通过标准化建设、模式化管理、无害化生产技术的应用，使基地取得明显的经济效益和社会效益。

（四）东北部山地地膜覆盖玉米、越夏豆角、秋杂粮种植区

本区主要在古县北平镇、古阳镇、岳阳镇的哲才村，属石山地貌区，耕地面积 30 000 亩左右。

1. 区域特点 本区海拔较高，在 1 000～1 400 米，属石山地貌区，是涧河北支和蔺河的发源地，地势险要，多露岩石，高低悬殊，多陡坡深沟，地形复杂。年均气温稳定通过 10℃以上的积温 2 463℃，年降水 600 毫米，无霜期 120 天左右，一年一作。本区耕地养分平均含量为：pH 为 7.91、有机质 25.33 克/千克、全氮 1.27 克/千克、有效磷 8.72 毫克/千克、速效钾 154.31 毫克/千克、有效铁 15.28 毫克/千克、有效锰 17.06 毫克/千克、有效铜 0.95 毫克/千克、有效锌为 1.67 毫克/千克、有效硼 0.48 毫克/千克、有效硫 27.31 毫克/千克。该区是古县的秋粮莜麦、苦荞产区，也是牧业发展区。

2. 种植业发展方向 以适宜高寒作物为主的莜麦、荞麦带动小杂粮发展，扩大越夏豆角种植面积，适度发展多年生药材和林牧业。

3. 主要保证措施

（1）玉米、谷子良种良法配套，增加产出、提高品质、增加效益。

（2）大面积推广秸秆还田，有效提高土壤有机质含量。

（3）重点建好北平镇无公害露天豆角基地，提高市场竞争力。

（4）加强缓坡梯田农田整治，防止水土流失。

五、农业远景发展规划

古县农业的发展，应进一步调整和优化农业结构，全面提高农产品品质和经济效益，建立和完善古县耕地质量信息管理系统，随时服务布局调整，从而有力促进古县农村经济的快速发展。现根据各地的自然生态条件、社会经济技术条件，特提出 2015 年发展规划如下：

一是全县粮食占有耕地 17 万亩，复种指数达到 1.3，集中建设 10 万亩国家优质玉米、谷子生产基地。

二是稳步发展优质苹果、设施瓜菜，占用耕地 3 万亩。

三是实施无公害优质核桃生产基地，产业发展到 20 万亩（间作）。

四是全面推广绿色蔬菜、果品生产操作规程，配套建设贮藏、包装、加工、质量检测、信息等设施完备的果品加工、批发市场。

五是发展牧草养殖业，重点发展圈养牛、羊，力争发展牧草 2 万亩。

第四节　耕地质量管理对策

耕地地力调查与质量评价成果为全县耕地质量管理提供了依据，为耕地质量管理决策的制订提供了基础，成为全县农业可持续发展的核心内容。

一、建立依法管理体制

（一）工作思路

以发展优质、高效、安全农业为目标，以耕地质量动态监测管理为核心，以土壤地力改良利用为重点，通过农业种植业结构调查，合理配置现有农业用地，逐步提高耕地地力水平，满足人民日益增长的农产品需求。

（二）建立完善行政管理机制

1. 制订总体规划　坚持“因地制宜、统筹兼顾，局部调整、挖掘潜力”的原则，制订全县耕地地力建设与土壤改良利用总体规划，实行耕地用养结合，划定中低产田改良利用范围和重点，分区制订改良措施，严格统一组织实施。

2. 建立依法保障体系　制订耕地质量管理办法，设立专门的监测管理机构，县、乡、村三级设定专人监督指导，分区布点，建立监控档案，依法检查污染区域项目治理工作，确保工作高效到位。

3. 加大资金投入　县政府要加大资金支持力度，县财政每年从农发资金中列支专项资金，用于全县中低产田改造和耕地污染区域综合治理，建立财政支持下的耕地质量信息网络，有效推进工作。

（三）强化耕地质量建设的技术措施

1. 提高土壤肥力　组织县、乡农业技术人员实地指导，组织农户合理轮作，平衡施肥，安全施药、施肥，推广秸秆还田、种植绿肥、施用生物菌肥，多种途径提高土壤肥力，降低土壤污染，提高土壤质量。

2. 改良中低产田　实行分区改良，重点突破。灌溉改良区重点抓好灌溉配套设施的改造，节水浇灌、挖潜增灌，扩大浇水面积。丘陵、山区中低产田要广辟肥源，深耕保墒，轮作倒茬，粮草间作，扩大植被覆盖率。修整梯田，保水保肥，达到增产、增效的目标。

二、建立和完善耕地质量监测网络

随着全县工业化进程的加快，工业污染日益严重，在重点工业生产区域建立耕地质量监测网络已迫在眉睫。

1. 设立组织机构　耕地质量监测网络建设，涉及环保、土地、水利、经贸、农业等多个部门，需要县政府协调支持，成立依法行政管理机构。

2. 配置监测机构　由县政府牵头，各职能部门参与，组建县耕地质量监测领导组，在县环保局下设办公室，设定专职领导与工作人员，建立企业治污工程体系，制订工作细则和工作制度，强化监测手段，提高行政监测效能。

3. 加大宣传力度 采取多种途径和手段，加大《环保法》宣传力度，在重点污排企业及周围乡村印刷宣传广告，大力宣传环境保护政策及科普知识。

4. 监测网络建立 依据这次耕地质量调查评价结果，在全县划定安全、非污染、轻污染、中度污染、重污染五大区域，每个区域确定10～20个点，定人、定时、定点取样监测检验，填写污染情况登记表，建立耕地质量监测档案。对污染区域的污染源，要查清原因，由县耕地质量监测机构依据检测结果，强制污染企业限期限时达标治理。对未能限期达标企业，一律实行关停整改，达标后方可生产。

5. 加强农业执法管理 由县农业、环保、质检行政部门组成联合执法队伍，宣传农业法律知识，对市场化肥、农药实行统一监控、统一发布，将假冒农用物资一律依法查封销毁。

6. 改进治污技术 对不同污染企业采取烟尘、污水、污碴分类，科学处理转化。对工业污染河道及周围农田，采取有效物理、化学降解技术，降解铅、镉及其他重金属污染物，并在河道两岸50米栽植花草、林木，净化河水、美化环境。对化肥、农药污染农田，要划区治理，积极利用农业科研成果，组成科技攻关组，引进降解试剂，逐步消解污染物。

7. 推广农业综合防治技术 在增施有机肥降解大田农药、化肥及垃圾废弃物污染的同时，积极宣传推广微生物菌肥，以改善土壤的理化性状，改变土壤溶液酸碱度，改善土壤团粒结构，减轻土壤板结，提高土壤保水、保肥性能。

三、国家惠农政策与耕地质量管理

免除农业税费、粮食直补、良种补贴等一系列惠农政策的落实，极大调动了农民种植粮食的积极性，成为农民自觉提高耕地质量的内在动力，对全县耕地质量建设具有推动作用。

1. 加大耕地投入，提高土壤肥力 目前，全县丘陵面积大，中低产田分布区域广，粮食生产能力较低。随着各项惠农政策的出台，鼓励农民自觉增加科技投入，实现耕地用养协调发展。

2. 改进农业耕作技术，提高土壤生产性能 鼓励农民精耕细作，科学管理，提高耕地地力等级水平。

3. 采用先进农业技术，增加农业比较效益 应用有机旱作农业技术，合理优化适栽技术，加强田间管理，实现节本增效。

农民以田为本、以田谋生，农业税费政策出台以后，土地属性发生变化，土地由有偿支配变为无偿使用，成为农民家庭财富的一部分，对农民增收和国家经济发展将起到积极的推动作用。

四、扩大无公害农产品生产规模

在国际农产品质量标准市场一体化的形势下，扩大全县无公害农产品生产规模成为满足社会消费需求和农民增收的关键。

（一）理论依据

古县被国家农业部列为优质核桃生产基地，2009年取得了核桃地理标志；2008年曾被山西省规划为太岳山优势小米生产带。旧县镇周边为无公害谷子生产基地，生产环境条件、技术水平具备。

（二）扩大生产规模

在古县发展绿色无公害农产品，扩大生产规模。以耕地地力调查与质量评价结果为依据，充分发挥区域比较优势，合理布局、调整规模、一是粮食生产上，在全县发展8万亩优质玉米、2万亩无公害优质谷子；二是在蔬菜生产上，发展设施蔬菜1万亩、特色瓜菜1万亩；三是在水果生产上，发展无公害水果1万亩，无公害核桃10万亩。

（三）配套管理措施

1. 建立组织保障体系　设立古县无公害农产品生产领导组，下设办公室，地点在县农业委员会。组织实施项目列入县政府工作计划，单列工作经费，由县财政负责执行。

2. 加强质量检测体系建设　成立县级无公害农产品质量检验技术领导组，县、乡下设两级检测检验的网点，配备设备及人员，制订工作流程，强化检测检验手段，提高检测检验质量，及时指导生产基地技术推广工作。

3. 制订技术规程　组织技术人员建立全县无公害农产品生产技术操作规程，重点抓好平衡施肥，合理施用农药，细化技术环节，实现标准化生产。

4. 打造绿色品牌　重点实施好无公害蔬菜、谷子、甘薯等生产。

五、加强农业综合技术培训

自20世纪80年代起，古县就建立起县、乡、村三级的农业技术推广网络。由县农业技术推广中心牵头，搞好技术项目的组织与实施，负责划区技术指导，行政村配备1名副村长，在全县设立农业科技示范户。先后开展了小麦、玉米、谷子、核桃、中药材等优质高产高效生产技术培训，推广了旱作农业、生物覆盖、小麦地膜覆盖、“双千创优”工程及设施蔬菜“四位一体”综合配套技术。

目前，古县有机旱作、测土配方施肥、节水灌溉、生态沼气、无公害蔬菜生产技术推广已取得明显成效。充分利用这次耕地地力调查与质量评价成果，主抓以下几方面技术培训：①加强宣传农业结构调整与耕地资源有效利用的目的及意义。②全县中低产田改造和土壤改良相关技术推广。③耕地地力环境质量建设与配套技术推广。④绿色无公害农产品生产技术操作规程。⑤农药、化肥安全施用技术培训。⑥农业法律、法规，环境保护相关法律的宣传培训。

通过技术培训，使古县农民掌握一定的理论，应用到农业中，推动耕地地力建设、农业生态环境建设和耕地质量环境的保护。发挥主观能动性，不断提高全县耕地地力水平，以满足日益增长的人口对物资生活需求，为全面建设小康社会打好农业发展基础平台。

第五节　耕地资源信息管理系统的应用

耕地资源信息管理系统以一个县行政区域内的耕地资源为管理对象，应用 GIS 技术，对辖区内的地形、地貌、土壤、土地利用、农田水利、土壤污染、农业生产基本情况、基本农田保护区等资料进行统一管理，构建耕地资源基础信息系统，并将其数据平台与各类管理模型结合，对辖区内的耕地资源进行系统的动态管理，为农业决策、农民和农业技术人员提供耕地质量动态变化规律、土壤适宜性、施肥咨询、作物营养诊断等多方位的信息服务。

本系统行政单元为村，农业单元为基本农田保护块，土壤单元为土种，系统基本管理单元为土壤、基本农田保护块、土地利用现状图叠加所形成的评价单元。

一、领导决策依据

这次耕地地力调查与质量评价直接涉及耕地自然要素、环境要素、社会要素及经济要素四个方面，为耕地资源信息管理系统的建立与应用提供了依据。通过全县生产潜力评价、适宜性评价、土壤养分评价、科学施肥、经济性评价、地力评价及产量预测，及时指导农业生产发展，为农业技术推广应用作好信息发布，为用户需求分析及信息反馈打好基础。主要依据：一是全县耕地地力水平和生产潜力评估为农业远期规划和全面建设小康社会提供了保障。二是耕地质量综合评价，为领导提供了耕地保护和污染修复的基本思路，为建立和完善耕地质量检测网络提供了方向。三是耕地土壤适宜性及主要限制因素分析为全县农业结构调整提供了依据。

二、动态资料更新

这次古县耕地地力调查与质量评价中，耕地土壤生产性能主要包括地形部位、土体构型、较稳定的物理性状、易变化的化学性状、农田基础建设 5 个方面。耕地地力评价标准体系与 1984 年土壤普查技术标准出现部分变化，耕地要素中基础数据有大量变化，为动态资料更新提供了新要求。

（一）耕地地力动态资源内容更新

1. 评价技术体系有较大变化　这次调查与评价主要运用了“3S”评价技术。在技术方法上，采用文字评述法、专家经验法、模糊综合评价法、层次分析法、指数和法。在技术流程上，应用了叠加法确定评价单元，空间数据与属性数据相连接；采用特尔菲法和模糊综合评价法，确定评价指标；应用层次分析法确定各评价因子的组合权重；用数据标准化计算各评价因子的隶属函数并将数值进行标准化；应用了累加法计算每个评价单元的耕地地力综合评价指数；分析综合地力指数，分别划分地力等级；将评价的地方等级归入农业部地力等级体系，采取 GIS、GPS 系统编绘各种养分图和地力等级图等图件。

2. 评价内容有较大变化　除原有地形部位、土体构型等基础耕地地力要素相对稳定以外，土壤物理性状、易变化的化学性状、农田基础建设等要素变化较大，尤其是土壤容重、有机质、pH、有效磷、速效钾指数变化明显。

3. 增加了耕地质量综合评价体系　土样、水样化验检测结果为全县绿色、无公害农产品基地建立和发展提供了理论依据。图件资料的更新变化，为今后全县农业宏观调控提供了技术准备；空间数据库的建立为全县农业综合发展提供了数据支持，加速了全县农业信息化的快速发展。

（二）动态资料更新措施

结合这次耕地地力调查与质量评价，古县及时成立技术指导组，确定专门技术人员，从土样采集、化验分析、数据资料整理编辑，计算机网络连接畅通，保证了动态资料更新及时、准确，提高了工作效率和质量。

三、耕地资源合理配置

（一）目的与意义

多年来，古县耕地资源盲目利用、低效开发、重复建设情况十分严重，随着农业经济发展方向的不断延伸，农业结构调整缺乏借鉴技术和理论依据。这次耕地地力调查与质量评价成果对指导全县耕地资源合理配置，逐步优化耕地利用质量水平，对提高土地生产性能和产量水平具有现实意义。

古县耕地资源合理配置思路是：以确保粮食生产安全为前提，以耕地地力质量评价成果为依据，以统筹协调发展为目标，用养结合、因地制宜、内部挖潜，发挥耕地最大生产效益。

（二）主要措施

1. 加强组织管理，建立健全工作机制　县政府要组建耕地资源合理配置协调管理工作体系，由农业、土地、环保、水利、林业等职能部门分工负责、密切配合、协同作战。技术部门要抓好技术方案制订和技术宣传培训工作。

2. 加强农田环境质量检测，抓好布局规划　将企业列入耕地质量检测范围。企业要加大资金投入和技术改造力度，降低“三废”对周围耕地的污染，因地制宜大力发展绿色无公害农产品优势生产基地。

3. 加强耕地保养利用，提高耕地地力　依照耕地地力等级划分标准，划定古县耕地地力分布界限，推广测土配方施肥技术。加强农田水利基础设施建设，平田整地，淤地打坝，改良中低产田。植树造林，扩大植被覆盖面，防止水土流失，提高梯（园）田化水平。采用机械耕作，加深耕层，熟化土壤，改善土壤理化性状，提高土壤保水保肥能力。划区制订技术改良方案，将全县耕地地力水平分级划分到村、到户，建立耕地改良档案，定期定人检查验收。

4. 重视粮食生产安全，加强耕地利用和保护管理　根据古县农业发展远景规划目标，要十分重视耕地利用保护与粮食生产之间的关系。人口不断增长、耕地逐年减少，要解决好建设与吃饭的关系，合理利用耕地资源，实现耕地总面积动态平衡，解决人口增长与耕地之间的矛盾，实现农业经济和社会可持续发展。

总之，耕地资源配置，主要是各土地利用类型在空间上的整体布局；另一层含义是指同一土地利用类型在某一地域中是分散配置还是集中配置。耕地资源空间分布结构折射出其地域特征，而合理的空间分布结构可在一定程度上反映自然生态和社会经济系统间的协调程度。耕地的配置方式，对耕地产出效益的影响截然不同，经过合理配置，农村耕地相对规模集中，既利于农业管理，又利于减少投工投资，耕地的利用率将有较大提高。

一是严格执行《基本农田保护条例》，增加土地投入，大力改造中低产田，使农田数量与质量稳步提高。二是园地面积要适当调整，淘汰劣质果园，发展优质果品生产基地。三是林草地面积适量增长，加大“四荒”拍卖开发力度，种草植树，力争森林覆盖率达到30%。四是搞好河道、滩涂地有效开发，增加可利用耕地面积。加大小流域综合治理，在搞好耕地整治规划的同时，治山治坡、改土造田、基本农田建设与农业综合开发结合进行。要采取措施，严控企业占地，严控农村宅基地占用一级、二级耕地，加大废旧砖窑和农村废弃宅基地的返田改造，盘活耕地存量调整，“开源”与“节流”并举，加快耕地使用制度改革。实行耕地使用证发放制度，促进耕地资源的有效利用。

四、土、肥、水、热资源管理

（一）基本状况

古县耕地自然资源包括土、肥、水、热资源。它是在一定的自然和农业经济条件下逐渐形成的，其利用及变化均受到自然、社会、经济、技术条件的影响和制约。自然条件是耕地利用的基本要素。热量与降水是气候条件最活跃的因素，对耕地资源影响较为深刻，不仅影响耕地资源类型形成，更重要的是直接影响耕地的开发程度、利用方式、作物种植、耕作制度等方面。土壤肥力则是耕地地力与质量水平基础的反映。

1. 光热资源 古县属温带半湿润大陆性季风气候，四季分明，冬季寒冷干燥、夏季炎热多雨。年均气温为11.4℃，7月最热，平均气温达25.2℃，极端最高气温达39.3℃；1月最冷，平均气温－3.2℃，最低气温－20.3℃。县域热量资源丰富，大于0℃的积温为3 658℃，稳定在10℃以上的积温3 094℃。历年平均日照时数为2 077.5小时，无霜期202天。

2. 降水与水文资源 古县降水规律：东北偏多、西南偏少；森林覆盖地带偏多、植被较差地区较少；年平均降水量512.4毫米。降水年际变化较大：多雨年曾达887毫米（2003年），少雨年只有322.1毫米（1986）。年内降水分布不均，58%的降水量集中在7～9月。全县位于黄土高原，属干旱贫水县之一，据1993年古县土地利用总体规划统计，全县年水资源总量为1.432亿立方米/年，其中地表水占71.5%，地下水占28.5%，人均1 497立方米，低于全国人均占有2 700立方米的水平。

3. 土壤肥力水平 古县耕地地力平均水平较低，依据《山西省中低产田类型划分与改良技术规程》，分析评价单元耕地土壤主要障碍因素，将全县耕地地力等级的2～5级归并为3个中低产田类型，总面积20.7万亩，占总耕地面积的86.27%。全县耕地土壤类型为：红黏土、粗骨土、棕壤土、褐土、潮土五大类，其中褐土分布面积较广，约占70.47%。全县土壤质地较好，以壤土为主，占总面积的95.8%。土壤pH为6.4～8.59，平均为 8.19，耕地土壤容重范围为 1.14～1.51 克/立方厘米。

（二）管理措施

在古县建立土壤、肥力、水、热资源数据库，依照不同区域土、肥、水、热状况，分类分区划定区域，设立监控点位，定人、定期填写检测结果，编制档案资料，形成有连续性的综合数据资料，有利于指导全县耕地地力恢复性建设。

五、科学施肥体系与灌溉制度的建立

（一）科学施肥体系建立

古县测土配方施肥工作起步较晚，20 世纪 80 年代初为半定量的初级配方施肥；90 年代以来，有步骤定期开展土壤肥力测定，逐步建立了适合全县不同作物、不同土壤类型的施肥模式。在施肥技术上，提倡“增施有机肥，稳施氮肥，增施磷肥，补施钾肥，配施微肥和生物菌肥”。

根据古县耕地地力调查结果看，土壤有机质含量有所回升，平均含量为 16.19 克/千克，属省三级水平，比第二次土壤普查 11.3 克/千克，提高了 4.89 克/千克；全氮平均含量 0.948 克/千克，属省四级水平，比第二次土壤普查提高 0.208 克/千克；有效磷平均含量为 13.46 毫克/千克，属省四级水平，比第二次土壤普查提高 10.26 毫克/千克；速效钾平均含量为 150.45 毫克/千克，属省四级水平，比第二次土壤普查提高 11.55 毫克/千克。

1. 调整施肥思路　以节本增效为目标，立足抗旱栽培，着力提高肥料利用率，采取“适氮、稳磷、补钾、配微”的原则，坚持有机肥与无机肥相结合，合理调整养分比例，按耕地地力与作物类型分期供肥、科学施用。

2. 施肥方法

①因土施肥。不同土壤类型保肥、供肥性能不同。对全县垣地、丘陵旱地，土壤的土体构型为通体壤或“蒙金型”，一般将肥料作基肥一次施用效果最好；对部分沙壤土采取少量多次施用。

②因品种施肥。肥料品种不同，施肥方法也不同。对碳酸氢铵等易挥发性化肥，必须集中深施覆盖土，施肥深度为 10～20 厘米；硝态氮肥易流失，宜作追肥，不宜大水漫灌；尿素为高浓度中性肥料，作底肥和叶面喷肥效果最好，在旱地做基肥集中条施；磷肥易被土壤固定，常作基肥和种肥，要集中沟施，且忌撒施土壤表面。

③因苗施肥。对基肥充足，作物生长旺盛的田块，要少量控制氮肥，少追或推迟追肥时期；对基肥不足，作物生长缓慢田块，要施足基肥，多追或早追氮肥；对作物后期生长旺盛的田块，要控氮补磷施钾。

3. 选定施用时期　因作物选定施肥时期。小麦追肥宜选在拔节期，叶面喷肥选在孕穗期和扬花期；玉米追肥宜选在拔节期和大喇叭口期，同时可采用叶面喷施锌肥。

在喷肥时间上，要看天气施用，要选无风、晴朗天气，上午 8：00～9：00 或下午 16：00 以后喷施。

4. 选择适宜的肥料品种和合理的施用量施肥　在品种选择上，增施有机肥、高温堆沤积肥、生物菌肥；严格控制硝态氮肥施用，忌在忌氯作物上施用氯化钾，提倡施用硫酸钾肥，补施铁肥、锌肥、硼肥等微量元素化肥。在化肥用量上，要坚持无害化施用原则。

5. 不同作物施肥建议

（1）冬小麦配方施肥总体方案：

①产量水平150千克/亩以下。冬小麦产量在150千克/亩以下地块，氮肥（N）用量推荐为7～9千克/亩，磷肥（P_2O_5）用量5～6千克/亩，土壤速效钾含量＜100毫克/千克，适当补施钾肥（K_2O）1～2千克/亩。亩施农家肥1 000千克以上。

②产量水平150～250千克/亩。冬小麦产量在150～250千克/亩的地块，氮肥（N）用量推荐为9～12千克/亩，磷肥（P_2O_5）6～7千克/亩，土壤速效钾含量＜120毫克/千克，适当补施钾肥（K_2O）2～3千克/亩。亩施农家肥1 500千克以上。

③产量水平250千克/亩以上。冬小麦产量在250千克/亩以上的地块，氮肥用量推荐为12～15千克/亩，磷肥（P_2O_5）7～9千克/亩，适当补施钾肥（K_2O）3～4千克/亩。亩施农家肥2 000千克以上。

施肥方法：

作物秸秆还田地块要增加氮肥用量10%～15%，以协调碳氮比，促进秸秆腐解。同时，要采用科学的施肥方法。一是大力提倡化肥深施，坚决杜绝肥料撒施。基、追肥施肥深度要分别达到20～25厘米、5～10厘米。二是施足底肥，合理追肥，一般有机肥、磷、钾及中微量元素肥料均作基肥；氮肥则分期施用，基肥占80%、追肥占20%。三是搞好叶面喷肥，提质防衰。生长中后期喷施2%的尿素以提高籽粒蛋白质含量，防止小麦脱肥早衰；抽穗到乳熟期喷施0.2%～0.3%的磷酸二氢钾溶液以防止小麦贪青晚熟。

（2）春玉米配方施肥总体方案：

①产量水平400千克/亩以下。春玉米产量400千克/亩以下地块，氮肥（N）用量推荐为6～8千克/亩，磷肥（P_2O_5）用量4～5千克/亩，土壤速效钾含量＜100毫克/千克，适当补施钾肥（K_2O）1～2千克/亩。亩施农家肥700千克以上。

②产量水平400～500千克/亩以下。春玉米产量400～500千克/亩以下地块，氮肥（N）用量推荐为8～10千克/亩，磷肥（P_2O_5）用量5～6千克/亩，土壤速效钾含量＜100毫克/千克，适当补施钾肥（K_2O）1～2千克/亩。亩施农家肥700千克以上。

③产量水平500～650千克/亩。春玉米产量在500～650千克/亩的地块，氮肥（N）用量推荐为8～10千克/亩，磷肥（P_2O_5）6～9千克/亩，土壤速效钾含量＜120毫克/千克，适当补施钾肥（K_2O）2～3千克/亩。亩施农家肥1 000千克以上。

④产量水平650～750千克/亩。春玉米产量在650～750千克/亩以上的地块，氮肥用量推荐为10～14千克/亩，磷肥（P_2O_5）9～11千克/亩，土壤速效钾含量＜150毫克/千克，适当补施钾肥（K_2O）3～4千克/亩。亩施农家肥2 000千克以上。

⑤产量水平750千克/亩以上。春玉米产量在750千克/亩以上的地块，氮肥用量推荐为14～15千克/亩，磷肥（P_2O_5）11～12千克/亩，土壤速效钾含量＜150毫克/千克，适当补施钾肥（K_2O）3～4千克/亩。亩施农家肥2 000千克以上。

施肥方法：

作物秸秆还田地块要增加氮肥用量10%～15%，以协调碳氮比，促进秸秆腐解。要大力推广玉米施锌技术，每千克种子拌硫酸锌4～6克，或亩底施硫酸锌1.5～2千克。同时，要采用科学的施肥方法。一是大力提倡化肥深施，坚决杜绝肥料撒施。基、追肥施肥深度要分别达到15～20厘米、5～10厘米。二是施足底肥，合理追肥，一般有机肥、磷、钾及中微量元素肥料均作底肥；氮肥则分期施用。春玉米田氮肥60%～70%底施、30%～40%追施。

（3）马铃薯施肥总体方案：

①马铃薯产量在1 000千克/亩以下的地块。氮肥（N）用量推荐为4～5千克/亩，磷肥（P_2O_5）3～5千克/亩，钾肥（K_2O）1～2千克/亩。亩施农家肥1 000千克以上。

②马铃薯产量在1 000～1 500千克/亩的地块。氮肥（N）用量推荐为5～7千克/亩，磷肥（P_2O_5）5～6千克/亩，钾肥（K_2O）2～3千克/亩。亩施农家肥1 000千克以上。

③马铃薯产量在1 500～2 000千克/亩的地块。氮肥（N）用量推荐为7～8千克/亩，磷肥（P_2O_5）6～7千克/亩，钾肥（K_2O）3～4千克/亩。亩施农家肥1 500千克以上。

④马铃薯产量在2 000千克/亩以上的地块。氮肥（N）用量推荐为8～10千克/亩，磷肥（P_2O_5）7～8千克/亩，钾肥（K_2O）4～5千克/亩。亩施农家肥1 500千克以上。

施肥方法：

有机肥、磷肥全部作基肥。氮肥总量的60%～70%作基肥，30%～40%作追肥。钾肥总量的70%～80%作基肥，20%～30%作追肥。磷肥最好和有机肥混合沤制后施用。基肥可以在秋季或春季结合耕地沟施或撒施后翻入土中。马铃薯追肥一般在开花以前进行，早熟品种在苗期追肥，中晚熟品种在现蕾前追肥。

（4）谷子施肥总体方案：

①产量水平250千克以下。亩产250千克以下地块的施肥量应为每亩纯N在6～8千克，P_2O_5为5～6千克，土壤速效钾含量＜120毫克/千克，适当补施钾肥（K_2O）1～2千克/亩。亩施农家肥1 000千克以上。

②产量水平250～300千克。亩产250～300千克的地块，每亩施纯N为7～9千克，P_2O_5为6～8千克，土壤速效钾含量＜120毫克/千克，适当补施钾肥（K_2O）1～2千克/亩。亩施农家肥1 000千克以上。

③产量水平300～400千克。亩产300～400千克的地块，每亩施纯N为9～11千克，P_2O_5为8～9千克，土壤速效钾含量＜120毫克/千克，适当补施钾肥（K_2O）2～3千克/亩。亩施农家肥1 000千克以上。

④产量水平400千克以上。亩产400千克以上的地块，每亩施纯N为11～14千克，P_2O_5为9～10千克，土壤速效钾含量＜120毫克/千克，适当补施钾肥（K_2O）3～4千克/亩。亩施农家肥1 000千克以上。

施肥方法：

a. 基肥　基肥是谷子全生育期养分的源泉，是提高谷子产量的基础，因此谷子应重视基肥的施用，特别是旱地谷子，有机肥、磷肥和氮肥以作基肥为主。基肥应在播种前一次施入田间，春旱严重、气温回升迟而慢、保苗困难的区域最好在头年结合秋深耕施基肥，效果更好。

b. 种肥　谷子籽粒是禾谷类作物中最小的，胚乳贮藏的养分较少，苗期根系弱，很容易在苗期出现营养缺乏症。特别是在谷子苗期，磷素营养更易因地温低、有效磷释放慢且少而影响谷子的正常生长。因此每亩用0.5～1.0千克磷肥（P_2O_5）和1.0千克氮肥（N）作种肥，可以收到明显的增产效果。种肥最好先用耧施入，然后再播种。

c. 追肥　谷子的拔节孕穗期是需要养分较多的时期，条件适宜的地方可结合中耕培土用氮肥总量的20%～30%进行追肥。

（二）灌溉制度的建立

古县为贫水区之一，主要采取抗旱节水灌溉为主。

1. 旱地区集雨灌溉模式　主要采用有机旱作技术模式，深翻耕作，加深耕层，平田整地，提高园（梯）田化水平，地膜覆盖，垄际集雨纳墒，秸秆覆盖蓄水保墒，高灌引水，节水管灌等配套技术措施，提高旱地农田水分利用率。

2. 扩大井水灌溉面积　水源条件较好的旱地，打井造渠，利用分畦浇灌或管道渗灌、喷灌，节约用水，保障作物生育期一次透水。井灌区要修整管道，按作物需水高峰期浇灌，全生育期保证2～3水，满足作物生长需求。切忌大水漫灌。

（三）体制建设

在古县建立科学施肥与灌溉制度，农业、技术部门要严格细化相关施肥技术方案，积极宣传和指导。水利部门要抓好淤地打坝、井灌配套等基本农田水利设施建设，提高灌溉能力。林业部门要加大荒坡、荒山植树植被，营造绿色环境，改善气候条件，提高年际降水量。农业环保部门要加强基本农田及水污染的综合治理，改善耕地环境质量和灌溉水质量。

六、信息发布与咨询

耕地地力与质量信息发布与咨询，直接关系到耕地地力水平的提高，关系到农业结构调整与农民增收目标的实现。

（一）体系建立

以古县农业技术部门为依托，在省、市农业技术部门的支持下，建立耕地地力与质量信息发布咨询服务体系，建立相关数据资料展览室，将全县土壤、土地利用、农田水利、土壤污染、基本农业田保护区等相关信息融入计算机网络之中，充分利用县、乡两级农业信息服务网络，对辖区内的耕地资源进行系统的动态管理，为农业生产和结构调整做好耕地质量动态变化、土壤适宜性、施肥咨询、作物营养诊断等多方位的信息服务。在乡、村建立专门试验示范生产区，专业技术人员要做好协助指导管理，为农户提供技术、市场、物资供求信息，定期记录监测数据，实现规范化管理。

（二）信息发布与咨询服务

1. 农业信息发布与咨询　重点抓好小麦、蔬菜、干鲜水果、中药材等适栽品种供求动态、适栽管理技术、无公害农产品化肥和农药科学施用技术、农田环境质量技术标准的入户宣传，编制通俗易懂的文字、图片资料发放到每家每户。

2. 开辟空中课堂抓宣传　充分利用覆盖古县的电视传媒信号，定期做好专题资料宣传，并设立信息咨询服务电话热线，及时解答和解决农民提出的各种疑难问题。

3. 组建农业耕地环境质量服务组织　在古县乡村选拔科技骨干及村干部，统一组织耕地地力与质量建设技术培训，组成农业耕地地力与质量管理服务队，建立奖罚机制，鼓励他们谏言献策，提供耕地地力与质量建设方面的信息和技术思路，服务于全县农业发展。

4. 建立完善执法管理机构　成立由县土地、环保、农业等行政部门组成的综合行政执法决策机构，加强对全县农业环境的执法保护。开展农资市场打假，依法保护利用土地，监控企业污染，净化农业发展环境。同时配合宣传相关法律、法规，让群众家喻户晓，自觉接受社会监督。

第六节　古县耕地质量状况与谷子标准化生产的对策研究

一、谷子产业发展优势

古县位于临汾市东北部，属太岳山南麓黄土丘陵区，尤其是南部黄土丘陵沟壑区，平均海拔 898 米，面积 179.47 平方千米，区内丘陵起伏、沟壑纵横、土层较厚。该区土地资源广阔，垣田面积大，光照充足，气候温和，是古县农业主产区。属暖温带大陆性季风气候，年平均气温 11.8℃，昼夜温差大，常年降水量 500 毫米左右，无霜期平均 172 天。谷子是古县农业调产的主要作物，是全县从事种植业的农民增收的一项优势产业。在 2008 年曾被山西省规划为太岳山优势小米生产带。

1. 优越的自然条件　以旧县村为中心的周边自然村，普遍以种植业为主，没有任何工矿企业，无污染，土壤深厚，结构良好，有机质丰富，光照充足，年积温高，昼夜温差大，十年九旱，尤以春旱为主，夏季降水集中，雨热同季，无霜期长，谷子具有活秆成熟、灌浆充分、籽粒饱满等特点，非常适合优质谷子的生产。

2. 成熟的谷子“有机简化栽培”技术　古县南垣乡祁寨村刘金学，在实践中摸索发明了“生熟混拌有机简化栽培技术”，将部分谷种在沸水中煮 1 分钟然后晾干，按亩用种量 1 千克，熟种 0.65 千克、正常谷种 0.35 千克的比例搭配，现拌现种、肥种分离，一次性播种完成。出苗均匀率达到 90%以上，基本不用间苗或少间苗，实现了谷子机械化播种，规模化生产。每亩节约 4 个工，每个工按 60 元计算，亩节约成本 240 元。2009～2011 年，刘金学每年种植谷子都在 50 亩以上，每年仅谷子一项就收入 7 万余元，亩产均达到 350 千克以上。通过他的辐射带动，当地农民基本掌握了此项种植技术。

3. 带动谷子产业发展的龙头企业、中介组织　充分利用谷子市场前景好的优势，古县闯出一条市场牵龙头、龙头带基地、基地联农户的产加销一条龙的产业化路子。依托古县金米协会和华海天宇公司，以订单农业的方式，扩大优质谷子的种植面积。

4. 高产谷子绿色产品证书　古县中南部纯属农业区域，没有厂矿企业，无污染，气候适宜。2002 年 9 月，“晋古牌”小米被国家绿色食品中心审验合格，发放绿色食品证书，为高产谷子的销售市场打开了绿色通道，为将来生产有机谷子奠定了良好基础。“晋古牌”小米自2002年9月连续10年通过绿色认证。

二、耕地地力现状

该区有机质含量13.72克/千克、全氮0.84克/千克、有效磷14.87毫克/千克、速效钾137.33毫克/千克，均属省四级水平；微量元素锰、锌、铜、硫、铁均属四级水平，硼属五级水平。

三、生产管理水平及问题

该区谷子播种面积0.6万亩，常年亩产250千克。旱作为主，以晋谷21品种为主，有少量农家品种。近年来，古县谷子产业虽然取得了一定成效，但还存在着种植规模小、农业机械化程度不高、缓坡梯田多、园田化水平低等一系列问题。全氮、有效磷、微量元素含量偏低，速效钾的平均含量为中等偏上水平。施用化肥为主，有机肥用量不足，氮、磷、钾配比不合理。采用化学防治病虫害，田间管理粗放，效益不高。小米系列产品开发单调等诸多问题，在今后的发展中，尚需进一步解决。

四、基本对策和措施

（一）培肥措施

（1）加强田间整治，取高垫低，防治水土流失；机械深耕，加厚耕作层。

（2）增施有机肥，提倡有机无机相结合；依据土壤丰缺指标，适当增减化肥用量，注意磷肥、硼肥的施用。

（3）肥料施用要与无公害栽培技术相结合。

（二）采用标准化生产技术

1. 标准的引用

NY/T 394—2000　绿色食品　肥料使用准则

NY/T 393—2000　绿色食品　农药使用准则

GB/T 8321　（所有部分）农药合理使用准则

GB 4285　农药安全使用标准

GB/T 8232—1987　粟（谷子）

NY/T 391—2000　绿色食品　产地环境条件

GB 44 04.1—1996　粮食作物种子　禾谷类

2. 产地环境和土壤气候条件

（1）产地环境：应符合NY/T 391—2000的规定。产地应选择在空气、水质、土壤无污染和生态条件良好的地域。加强保护产地周围的生态环境，严禁开设有污染的工厂，控制生活污水，使绿色食品的产地具有可持续发展能力。

（2）土壤条件：选择有机质1.2%以上，全氮0.8克/千克以上、有效磷15毫克/千克以上、有效钾80毫克/千克以上、海拔850米以上、阳光充足、通风透气条件好的石灰性褐土种植谷子。

（3）气候条件：年平均气温11.2℃，平均日温差11℃，稳定通过10℃以上的活动积温3 094℃；年平均日照时数2 077.5小时，5～9月平均220.3小时；年降水量520毫米，无霜期平均171天。

3. 绿色食品谷子质量标准　在产地环境符合NY/T 391—2000规定、农药使用符合NY/T 393—2000规定、肥料使用符合NY/T 394—2000规定条件下生产的、符合GB/T 8232标准的谷子。

4. 栽培技术规程

（1）轮作倒茬：实行3年以上的轮作制度，轮作方式为谷子→小麦→玉米→谷子；谷子→棉花→玉米→谷子；谷子→小麦—大豆→马铃薯→谷子；谷子→玉米→小麦—花生→谷子；谷子→玉米→油菜—青饲料→谷子。谷子的前茬以豆类、油菜最好，玉米、小麦、马铃薯、棉花次之。

（2）整地施肥（蓄水保墒）：

①秋收后浅耕灭茬，然后深耕20厘米以上，结合耕翻施入高质量农肥、磷肥和钾肥，随耕随耙耱。

②春季顶凌耙地，破除板结。

③播前5～10天，浅犁踢墒，打碎坷垃，随耕翻施入氮肥，耕后带耙。

④播前2～3天，干土层在4～6厘米，土壤含水量达不到12%时必须镇压，压后耙耱。

（3）选用优种：选择高产、优质、抗逆性强、适应性广的品种，种子质量符合GB 4404.1—1996要求。古县应以晋谷21为主干品种，示范种植晋谷34、太选2号和晋谷29。

（4）种子处理：

①晒种。播前选晴天，将种子摊放在席上，厚度2～3厘米，翻晒2～3天。

②“三洗”种子。“三洗”即首先把谷种倒入清水中，搅拌后漂去秕谷、草籽和杂质；然后捞出下沉的谷子倒入10%的盐水中，捞去漂在水面上的秕粒、半秕粒；最后用清水冲洗2～3遍，除去种子表面的盐分。

③药剂拌种。具体见“病害化学防治”部分。

（5）播种：

①适期播种。一般地膜覆盖谷子5月上旬播种，露地春谷5月中旬播种、夏谷6月中下旬播种。

②播种深度。土壤墒情好的可适当浅些、墒情差的可适当深些；早播可深些、晚播可浅些，一般播深3～5厘米。

③播种方式

a. 地膜覆盖谷子采用膜际条播种植，应用厚0.007～0.008毫米、宽40厘米的聚乙稀地膜，实行宽窄行种植，宽行40厘米、窄行30～33厘米。

b. 大田谷子用耧播或机播。

④播量。每亩用种 0.5～0.75 千克。

⑤施种肥。具体见“种肥”部分。

（6）科学管理：

①全苗壮苗。播种后表层土壤含水量在 12%以下，随播随砘压，然后隔 2～3 天再砘压一次；土壤含水量在 12%以上时，播后隔天砘压一次即可。在未出苗前遇雨及时破除板结。

②间苗定苗。出苗后发现缺苗及早进行浸种催芽补种，3～4 片真叶时间苗，5～6 片真叶时定苗。

③合理密植。高水肥地亩留苗 3 万～3.5 万株；中等肥力地亩留苗 2.5 万～3 万株；旱垣坡地亩留苗 1.5 万～2 万株。

④中耕除草。整个生长期中耕 3～4 次，深度掌握“头遍浅、二遍深、三遍四遍不伤根”的原则。第一次中耕，结合间、定苗浅锄（3～5 厘米），固土稳苗；第二次中耕，谷子 8～9 片真叶时结合清垄，深中耕 6 厘米以上；第三次浅中耕（5 厘米左右），同时高培土、防倒伏。

⑤浇水。水地谷子拔节期浇第一水，孕穗抽穗期浇第二水；旱地谷子抽穗前，每亩叶面喷 200 千克清水。

⑥追肥。具体见“追肥”部分。

⑦适期收获。颖壳变黄，谷穗断青，籽粒变硬，及时收获。

5. 配方施肥

（1）施肥原则：施肥应符合 NY/T 394—2000 要求。

（2）允许使用的肥料种类

①农家肥。包括堆肥、沤肥、厩肥、沼气肥、绿肥、作物秸秆肥、混肥、饼肥，施用前必须进行高温沤制，充分腐熟后方可使用。

②商品肥料。包括商品有机肥、腐殖酸类肥、微生物肥、有机复合肥、无机肥料、叶面肥料（叶面肥中不得含有化学成分的生长调节剂）、有机无机肥、掺合肥，商品肥料质量指标应达到国家有关标准的要求。

③化学肥料。在化肥与有机肥、复合微生物肥料配合使用情况下（有机氮与无机氮之比不超过 1∶1），允许使用化学肥料（氮、磷、钾）。

（3）不允许使用的肥料种类

①禁止使用硝态氮肥。

②城市生活垃圾不经无害化处理，不许施入地田。

（4）施肥方法

①基肥。

a. 在秋作物收获后，结合秋耕每亩深施农家肥 6 000～8 000 千克，钙镁磷肥 50 千克，硫酸钾 10～15 千克。

b. 早春结合浅耕，每亩施尿素 16 千克。

②种肥。每亩用 3 千克磷酸二铵或尿素作种肥，在播种时随种子施在沟内。如果土壤

干旱可不施或少施种肥，同时将种子与肥料适当分开。

③追肥。

a. 根部追肥。旱地结合降水，在拔节孕穗期每亩追施尿素 7.5～10 千克。有灌溉条件的谷田，追肥后及时浇水。

b. 叶面喷肥。灌浆期对生长旺盛的谷子，每亩叶面喷施 0.2%磷酸二氢钾溶液 50～60 千克；对生长较差的谷子每亩叶面喷施 2%尿素溶液和 0.2 磷酸二氢钾混合液 50～60 千克。齐穗前 7 天，所有谷子用 300～400 毫克/千克浓度的硼酸液 100 千克叶面喷洒，间隔 10 天，再喷一次。

6. 病虫防治

（1）主要病、虫、草害种类：

①主要病害种类。白发病、黑穗病。

②主要虫害种类。粟灰螟、粟茎跳甲、黏虫。

（2）防治方法：病虫害的防治坚持“预防为主，综合防治”的植保方针，根据有害生物综合防治的基本原则，采用抗（耐）病品种为主，以农业防治为重点，物理、生物、化学防治有机结合的综合防治措施。

①农业防治。在选用抗病品种、搞好种子检疫的基础上，合理轮作倒茬，造墒保墒，适期播种、适当浅播，播种后覆土、不要过厚。增施氮磷钾肥料，结合中耕除草，彻底拔除病株、残株、虫株，带出田外深埋或烧毁。冬春彻底刨烧谷茬，及时处理谷草，消灭越冬幼虫。

②物理防治。用糖醋酒液（糖 3 份、醋 4 份、酒 1 份、水 2 份配成诱剂，并加入诱剂量 0.5%的 90%晶体敌百虫）诱杀或用杨树枝把（谷草把）诱蛾产卵，每天日出前用扑虫网套住树枝将虫振落于网内杀死，每亩插设 5～6 个杨树枝把（谷草把），5 天更换一次。

③生物防治。利用天敌和生物农药防治。

④化学防治。应符合 NY/T 393—2000、GB 4285 和 GB/T 8321（所有部分）规定。

a. 绿色谷子生产禁止使用农药。严禁使用剧毒、高毒、高残留或具有三致毒性（致癌、致畸、致突变）的农药（见附录 A）严禁使用基因工程品种（产品）及制剂；每种有机合成农药在一种作物的生长期内只允许使用一次。

b. 绿色谷子生产常用农药。具体见附录 B

c. 病害化学防治。用种子重量的 0.3%的 25%瑞毒霉可湿性粉剂拌种，防止白发病；用种子量 0.2%～0.3%的 75%粉锈宁或 50%多菌灵可湿性粉剂拌种，防止黑穗病。

d. 虫害化学防治。在粟灰螟幼虫 3 龄前（尚未钻蛀茎秆），用 90%晶体敌百虫 1 000～1 500 倍液喷雾防治，兼治粟茎跳甲；黏虫幼虫 2～3 龄前，谷田每平方米有虫 20～30 头时，用 BT 乳剂 200 倍液喷雾防治或每亩用 2.5%敌杀死乳油 15 毫升喷雾防治。

第七节　古县耕地质量状况与核桃标准化生产的对策研究

一、核桃产业发展概况

古县地处黄土高原，土壤肥沃，属暖温季风气候，具有适应核桃生长的得天独厚的自然环境和先天条件。古县核桃生产历史悠久，距今已有2 000多年的历史，是山西省三大核桃传统产区之一。1958年被国务院授予“干果经济林之乡”，1994年被林业部授予“全国经济林发展先进县”，2000年被国家林业局、中国经济林协会命名为“名特优经济林—核桃之乡”，2009年又取得了核桃地理标志。古县核桃人均株数、面积、产量和收入连续多年均位居山西省第一。目前全县共完成核桃产业基地建设17.2万亩，栽植核桃720余万株，其中：老龄树80万株，占总株数的11%，主要以散生核桃树为主，主要集中在旧县、岳阳、古阳、北平4个乡（镇）的26个村；中龄树250万株，占总株数的35%；幼龄树390万株，占总株数的54%，以示范园和地埂核桃为主，主要集中在南垣、石壁、旧县3个乡（镇）。核桃年产量约为375万千克，产值7 500万元，农民人均核桃收入1 000余元。预计到“十二五”末，全县核桃总面积达25万亩，产值3亿元，农民人均核桃收入达到3 000元。

二、主要做法及经验

古县核桃产业按照山西省委提出的推进农业现代化的要求和临汾市委创建绿色生态农业品牌的部署，以“一县一业”为标准，坚持“栽管并重、育加协同、品牌引领、产业振兴”的总体要求，走良种化发展、标准化栽植、精细化管理、集约化经营的路子。从育种、栽植、管理到加工销售，全方位投入，多样化发展，力争打造太岳山区核桃产业的领头羊、山西省核桃产业发展的示范区、全国重要的核桃基地。

1. 抓核桃栽植环节，夯实产业发展基础　近年来，古县把核桃栽植作为核桃产业发展的重中之重。历届县委、政府更是“咬定核桃不放松”，坚持以每年栽植不低于50万株的速度递增，“十二五”期间共发展10万亩，核桃280万株。栽植品种主要有中林、辽核、晋龙等，全部属于优质核桃，皮薄仁肥营养价值高，深受消费者喜爱。在具体栽植过程中，一是严把协议关。以农民专业合作社、企业或村为实施主体申报，经考查属实后，与农户签订《古县核桃示范园栽植合同》和《古县核桃示范园管护合同》，纳入核桃栽植规划。合同中规定按栽植面积每亩每年发放管护补助费100元，补助期二年。二是严把招投标关。坚持“公平、公开、公正”的原则进行招投标工作，从源头上杜绝弄虚作假行为出现。三是严把栽植关。由林业局统一规划，专业队栽植，按照《古县核桃示范园建设实施办法》，严格栽植技术标准。四是严把监督关，实行技术人员跟班作业，全程技术指导，村委代表、农户进行监督。五是严把验收关，实行“三验三付”的办法，即首先由林业局根据工队自查报告组织验收，验收成活率达到90%以上的，兑付30%的资金；第二年补植补栽后，验收成活率达到90%以上的，兑付40%的资金；秋季补植补栽后，验收成活率达到90%以上的，兑付剩余30%资金。如果成活率达不到90%，暂不予兑付。工程结算按成活株数结算。

2. 狠抓苗木繁育环节，增强产业发展后劲　苗木发展是核桃栽植的前提和条件，抓好育苗即抓好了核桃的品种和质量。古县利用得天独厚的地理条件，依托南部乡（镇）土质疏松、水源充沛的优势，鼓励农民及集体组织大力发展苗木产业，现已发展核桃育苗基地130余个、1 500余亩、750余万株，年可提供优质苗木600余万株。古县核桃苗木不仅带动了当地核桃产业的发展，而且已经成为辐射周边县市的主要苗木基地。一是集中育苗带动，结合古县农业综合开发项目，政府统一平整土地、引水铺路，由核桃协会牵头，建设优质苗木示范区300亩，年产优质核桃苗100万株，辐射带动周边农户发展育苗达1 000亩。二是定点采穗保质，依托高城采穗圃和旧县西庄采穗圃，每年可嫁接300万株优质核桃苗，除满足古县50万株的需要外，其余全部投放市场。同时，对采穗圃现有品种进行选优和更新，保留2～3个优质品种，进一步提高古县规模化栽植的品种质量。三是突出品牌发展，选出以古县凌云村和旧县镇西庄村为代表的适合古县南北地理需要的本地优质绵核桃进繁育，每年育苗100亩，打造古县良种核桃品牌，确保全县良种苗木供应。

3. 狠抓综合管理，确保产业提质增效　核桃管护是提高核桃质量和经济效益的关键环节，古县每年都对核桃进行综合管理，管护数量达到90%以上，一举改变了过去“重栽轻管”的落后观念。具体办法是采取树盘、去枯枝、刮老皮、整枝修剪、涂白、松土、施肥、换优、病虫害防治等措施，提高核桃产量和质量。县财政每年拿出200万元，采用以奖代补的方式，鼓励乡、村两级进行示范基地管理，分春、秋、冬三次进行，县政府组织专业人员进行评比检查，根据任务完成情况和质量发放补助资金。

4. 狠抓加工销售，延伸产业发展链条　为了带动全县核桃产业的良性发展，使核桃产品向深加工、精加工转化，实现加工增值，古县积极鼓励农业龙头加工企业的发展。目前从事核桃深加工的企业有两家，分别是山西桃源生物制品有限公司和华海天宇农业发展有限公司，主要产品有核桃精油、核桃露、琥珀桃仁等，产品全部通过质量体系认证和商标注册，每年可加工核桃1 000吨，实现产值1亿元。同时，围绕企业＋基地＋农户的发展模式，与农民签订收购协议，极大地调动了农民发展核桃的积极性。

三、存在的问题及下一步打算

古县已发展核桃17万亩，但存在有重栽轻管现象，农民甚至不管理，任其自然生长。因而造成了产量低、品质劣。再加上古县技术力量薄弱，致使管理水平难以提高。为此，必须要以栽管并重为主导，搞好区域划分，实行老龄树与幼龄树不同的管理模式，保持传统品种优势，以古县绵核桃为主攻发展方向，走具有特色的核桃发展路子。下一步集中力量搞一次核桃园养分调查，为核桃产业发展提供科学依据。进一步拓宽核桃市场、提高核桃品质，是做大做强古县核桃产业的必由之路。业务部门要与质监局共同联手制订出核桃栽培相关的技术标准。

（一）栽植办法

1. 栽植核桃选地是关键 核桃树为暖温带落叶果树，喜光、喜肥、根系发达，要求土壤肥力条件好。

2. 核桃品种选择及授粉树配置 早实、矮冠、短枝型品种：新早丰、西林 2 号 辽核 1 号，中林 5 号、鲁光、丰辉。早实、中性较旺品种：有香玲、中林 1 号、中林 6 号、绿波、扎 343、辽核 3 号、辽核 4 号、薄壳香等。晚实品种有：晋龙 1 号。授粉树配置以 8 行主栽品种配 1 行授粉树为宜。

3. 苗木、良种壮苗 优先选择优良品种嫁接苗，其次选择健壮的实先苗（以后改接换优），苗木规格；高 1 米以上，直径 2.5 厘米。

4. 栽植时间 在保墒较好的地区，春栽比秋栽好，且栽后不需防寒；在干旱地区，秋栽比春栽好，栽后要埋土防寒越冬。

5. 栽植的密度 晚实乔化品种 5 米×7 米（每亩 19 株），早实矮化优良品种 4 米×6 米（每亩 28 株）。

6. 栽植方法 先施入基肥，以农家肥为好，每株 15 千克最好是苗木随起随栽，随挖穴随栽，用湿土填实，栽后灌一次水，树盘用地膜覆盖，增加肥力，促进根系恢复再生。

7. 幼苗越冬管理 尤其是秋栽的幼树要采取以下几项措施。

①幼树弯倒埋土越冬。

②合理施肥，前促后控，秋喷 B_9 等抑制生长剂。

③喷洒和涂抹保护剂，可避免抽条。

（二）实生核桃嫁接换种技术规程

1. 核桃树龄选择 幼树类树龄在 10 年以下，包括新定植的幼树，初结果树类应全部嫁接。

2. 品种的选择和授粉树的配置 在古县山区地带选择早实优良品种，丘陵山区选择晚实优良品种，主栽品种与授粉树隔行配置，比例 3∶1 或 5∶1。必须选择雌先型和雄先型品种，品种不宜选择过多，建立品种档案，便于坚果按品种采收和管理。

3. 砧木选择 应在 10 年以下，树势旺盛，主干 2 米以下，砧木接口直径在 5～10 厘米之间可插 2～3 个接穗，主干在 50 厘米以上高接头数不少于 4～5 个，最多 8～10 个，干周 40 厘米以下，不少于 2～3 个，干周 20 厘米以下可单头嫁接。

4. 地形选择 立地条件好，生长健壮的树可进行嫁接。

5. 接穗采集 发芽前 20～30 天采集，粗度 1.5 厘米左右，穗心小，枝条充实，芽饱满，50～100 条为捆，埋在背阴处 5℃以下的低沟内保存。

6. 嫁接时间 以萌芽后新梢长至 2～3 厘米时最为适宜。古县为 4 月上中旬。

7. 伤流控制 接口伤流影响高接成活，可采取下部放水的办法予以防止，其方法是：高接前在干基或主枝基部 20 厘米以上螺旋形斜锯 2～3 个锯口，深度为（枝）直径的 1/4～1/5，锯口上下错开。

8. 嫁接方法

（1）插皮接：接穗没有离皮时多采用此法嫁接。

①接穗的削取。选取木质充实的接穗，剪至长 12～15 厘米的枝段，上端留 2～3 个饱

满芽（包括副芽），下端削成5～8厘米马耳形切面，削面要平滑，然后将削面两侧的皮层少削去部分，露出新皮为宜，前端削成薄舌状（便于向砧木皮层与木质部之间插入）待用。

②砧木的处理。选择砧木干平直光滑处，将上端截去，然后用刀将断面削平，在接面两侧横削2～3厘米的月牙状切口，待接穗插入。

③插入接口。将已削好的马耳形接穗，沿砧木的月牙切口向下慢慢插入皮层与木质之间，插入深度以结合牢固和少露部分接穗切面（1～1.5厘米），俗称"露白"为宜。

④接穗的固定。当接穗插入砧木后，若砧木接口处的直径在4厘米以下，可用麻绳或塑料绳绑4～5圈绑紧，绑牢为宜；若砧木直径超过5厘米以上，砧木接口处的接穗，可用长2～3厘米的铁钉2～3个固定亦可。

⑤接穗的保湿和遮阴。待接穗在接口处固定后，随即用长25～30厘米、直径10～15厘米的塑料袋，从接穗的上端套至接口处，袋的下口要覆盖住接穗插入的下部砧木皮层，然后将袋内的空气排出，用麻绳或塑料绳将膜袋的下口绑紧同时将砧穗一起绑牢。塑料袋的上端要长出接穗4～5厘米，塑料袋一定要封闭好、不露气（常用食品袋），随后用8～16开报纸卷成纸筒套在塑料袋的外面，上下扎紧即可。

（2）插皮舌接

①接穗的削取。待接穗离皮时可用此法，接穗的切削同插皮接。

②砧木的处理。砧木的处理基本同插皮接，插皮舌接可在插入接穗处削去砧木的粗老树皮露出嫩皮（约削剩下2～3毫米厚的嫩皮），砧木接口处削皮长略长于接穗马耳形切面长度。

③插入接穗。将已削好的马耳形接穗的皮层轻轻揭离木质部，要将接穗的木质部插入已削好的砧木月牙状切口的形成层部位（皮与木质部之间），接穗剥离的皮层正好覆盖在砧木纵削的嫩皮上，深度同插皮接。

④接穗的固定。同插皮接。

⑤接穗的保湿与遮阴。同插皮接。

9. 接后管理

（1）放风：接后20～25天，接穗开始发芽，抽枝展叶，这时每隔2～3天观察一次，对展叶的可将膜袋的上端打开一小口，让嫩梢尖端伸出，上端的放风口由小到大，不可一次打开，更不能过早把袋子去掉，若接芽尚没有萌芽或萌芽较短，可把塑料袋和纸袋的上口扎紧，待芽萌发、新梢伸长后再打开放风。

（2）除萌：当接穗芽子已萌发后，要及时除掉砧木上的萌芽，以免影响接穗的生长。若接穗上的芽子不能萌发（芽枯死、脱落等），砧木上的芽子可适当保留一部分，以便恢复树冠待2年后再改接，否则会导致砧木死亡。

（3）防风折：当新梢生长到30厘米左右时，要及时在接口处绑缚长1.5米左右的支柱，将新梢轻轻绑缚在支柱上以防风折，随着新梢的加长要绑缚2～3次。

（4）松绑：接后2～3个月（6月下旬至7月上旬）要将接口处的捆绑材料松绑一次（不要把绑缚材料去掉，用铁钉固定的无须松绑），否则会影响接口的加粗生长，8月上旬可将绑缚材料全部去掉。

（三）整形修剪

1. 修剪时期

①采收后到叶片变黄之前。

②春枝展叶以后。

2. 幼树整形修剪

①主干疏层形。有明显的中心领导干，主枝 6～7 个，分三层螺旋形着生在中心领导干上，形成半圆形或圆锥形。定干：有间作物，干高 1.5～2.0 米；无间作物，干高0.8～1.2 米。主枝栽后 2～3 年分枝时，可选留第一层三大主枝，早实核桃分枝多，可早些留成。三大主枝应临近着生，层内距 40～60 厘米，水平角 120°左右，基角 55°～65°，腰角 70°～80°，梢角 60°～70°。栽后 4～5 年选留第二层主枝（2 个），层间距 1.5～2 米，小冠形保持 1～1.5 米。第三层选留 1～2 个，与第二层间距 80～100 厘米，各层次枝要上下错开，插空选留，以免重叠。侧枝、着生结果枝的重要部位，一定适当错开，第一层主枝上各留 2～3 个倒枝，第二层主枝各留 1～2 个，第三层主枝选择 1 个基部主枝的第一侧第一枝尽量同向选留。第一侧枝距中心干 80～100 厘米，第二侧枝距第一侧枝 40～60 厘米，第三侧枝距第二侧枝 80 厘米，侧枝与主枝水平夹角 45°～50°为宜。

②自然开心形。无明显中心领导干，树形成形快、结果早，常见有三、四、五大主枝开心形。一般指三大主枝开心形。整形时，先多后少，从中选合适的三大主枝，主枝上着生侧枝，侧枝上着生枝组，尽量提高光能利用率，平衡三大主枝的生长势，抑强扶弱。

3. 结果树的修剪 核桃定植后 8～10 年开始进入结果期（无性系苗提早 3～5 年），这时各级骨干枝尚未全部配齐，生长仍很旺盛，树冠还在扩大，结果逐年增多。修剪的主要内容是：一方面继续培养主、侧枝，调整各级骨干枝的生长势，使骨架牢固、长势均衡、树冠圆满，准备将来负担更多的产量；另一方面应在不影响骨干枝生长的前提下，充分利用辅养枝早结果、早丰产。

核桃一般 15 年左右进入盛果期，是一生中产量最高的时期，土壤管理条件好，盛果期可维持 30～50 年。盛果期树冠扩大速度缓慢，并逐渐停止，树姿开张，随着产量的增加，外围枝绝大多数成为结果枝，结果部位外移，生长和结果之间的矛盾表现突出。管理条件不良时，外围枝增多，通风透光不良，营养分配失调，外围枝条下垂，内膛小枝干枯，主枝基部秃裸。修剪的主要内容是：继续培养丰产树形，改善通风透光条件，调整生长和结果的关系，防止结果部位外移，继续培养和安排好各类结果枝组，保持良好的生长和结果能力，延长盛果期年限，获得高产稳产。

（1）各级骨干枝和外围枝的修剪：主干疏散分层形到一定高度可利用三叉枝逐年落头去顶，最上层主枝代替背后枝，开始盛果期，各主枝继续扩大生长，仍需要各级骨干枝的培养，及时控制背后枝，保持枝头的长势。当相邻树头相碰时，可疏剪外围，转主换头。先端衰弱下垂时，应及时回缩，抬高角度，复壮枝头。盛果期大树外围枝已大部成为结果枝，由于连年分生，常出现密挤、交叉和重叠现象，要适当疏间和适时回缩，对下垂枝、细弱枝、雄花枝、干枯枝和病虫枝，应及时早从基部疏除。通过处理，可改善内膛光照条件，做到“外围不挤，内膛不空”。

（2）结果枝组的培养和修剪：结果枝组是盛果期大树结果的主要部位，因而结果枝应该在初果期和盛果期即着手培养和选择，以后主要是枝组的调整和复壮。结果枝组的培养方法有以下几种。

①着生在骨干枝上的大中型辅养枝，经回缩后改造成大、中型结果枝组。

②利用有分枝的强壮发育枝，采取去强留弱，去直留平的修剪方法，培养成中、小型结果枝组。

③利用部分长势中庸的徒长枝培养成内膛结果枝组。

结果枝组的修剪，首先要对妨碍主、侧枝生长，影响通风透光的枝组进行回缩，过密的可以疏除。为防止内秃外移，应不断更新枝组，即多数为结果母枝时用壮枝带头继续发展。空间较小的可去直留斜，缩剪到向侧面生长的分枝上，引向两侧生长，缓和生长势。背上枝组重剪使斜生。长势较弱的枝头和下垂的枝组，要去弱留强、去老留新、抬高枝角，使其复壮。

（3）徒长枝的利用：盛果后期树势逐渐衰老，内膛萌发大量徒长枝，生长过强、处理不及时，使内膛郁闭、扰乱树形，甚至形成树上长树，影响光照、消耗养分。若处理及时、控制得当，可利用徒长枝培养结果枝组，充满内膛，补充空间，增加结果部位。衰老树上还利用徒长枝培养成接班枝，更换枝头，使老树更新复壮。

4. 放任生长树的改造修剪

（1）放任生长树的表现：

①大枝过多，层次不清，枝条紊乱，从属关系不明。主枝多轮生、叠生、并生。第一层主枝常有4～7个，盛果期树中心干弱。

②由于主枝延伸过长，先端密挤，基部秃裸，造成树冠郁闭，通风透光不良，内膛枝细弱，逐渐干枯死亡，导致内膛空虚，结果部位外移。

③结果枝细弱，连续结果能力降低，甚至形不成花芽，从大枝的中下部萌生大量徒长枝，形成自然更新，重新构成树冠，连续几年产量很低。

（2）放任生长树的改造方法

①树形的改造。放任生长的树形多种多样，应本着“因树修剪，随枝作形”的原则，根据具体情况区别对待。中心干明显的树，改造为主干疏层形；中心领导干很弱或无中心干的树，改造为自然心形。

②大枝的选留。大枝过多一般是放任生长树的主要矛盾，应该首先解决好。修剪前要对树体进行全面分析，通盘考虑，重点疏除密挤的重叠、并生枝，交叉和病虫害为害枝。主干疏层树留5～7个主枝，主要是第一层要选留好，一般可考虑3个或4个，自然开心形处理。40～50年生的大树，一般一次去掉较多的大枝，虽然当时显得空一些，但内膛枝组很快占满，实现立体结果。对于较旺的壮龄树，则应分年疏除，否则引起长势更旺。

③中型枝的处理。中心枝组是指着生在中心领导枝和主枝上的多年生枝，在大枝除掉后，总体上大大改善了通风透光条件，为复壮树势、充实内膛创造了条件，但在局部仍显得密挤。所以对中心枝也要及时处理，处理时要选留一定数量的侧枝，其余的枝条采取疏间和回缩相结合的方法，疏间过密枝、重叠枝，回缩延伸过长的下垂枝，使其抬高角度。

中型枝处理的原则是大枝疏除较多，中型枝则少除，否则中型枝可一次疏除。

④外围枝的调整。大、中型枝处理后，已经基本上解决了枝量过多的问题，但外围枝是冗长细弱的，有些成为下垂枝，必须适度回缩、抬高角度、增强长势。衰老树的外围枝大部分是中短果枝和雄花枝，应适当疏间和回缩，用粗壮的枝条带头。

⑤结果枝组的调整。当树体营养得到调整，通风透光条件得到改善后，结果枝组有复壮的机会。这时应对结果枝组进行调整。其原则是根据树体结构、空间大小、枝组尖型（大、中、小型）和枝组的生长势来确定。对于枝组过多过密的树，要选留生长势壮的枝组，疏除衰弱的枝组。对有空间的枝组可适当回缩，抬高角度，用壮枝带头，继续发展。空间小的可在有生长能力的分枝处缩剪，充实空间。枝组内部的一年生枝修剪，要疏弱留强，留强壮的中长果枝结果，以维持连年结果。

⑥内膛枝组的培养。利用内膛徒长枝进行改造。常用培养（改造）结果枝组的方法有二；一是先放后缩，即对中庸徒长枝第一年放、第二年缩剪，将枝组引向两侧；二是先截后放，对中庸徒长枝，先短截，促进分枝，然后再对分枝适当处理，第一年留 5～7 个芽重短截，第二年除去直立旺长枝，用较弱枝当头并缓放，促其成花结果。

内膛枝组的配备数量应根据具体情况而定，一般来说枝组间的距离应保持 60～100 厘米，做到大、中、小相间，交错排列，小树旺树尽量少留背上枝组，衰弱老树可适当多留一些。

（3）放任生长树的分年改造：根据各地生产实践，放任树的改造大致可分 3 年完成，以后可按常规修剪方法进行。

①第一年。以疏除过多的大枝为主，从整体上解决树冠郁闭的问题，改善树体结构，复壮树势。这一年修剪量大，一般盛果末期的大树，修剪量（以剪下任何一个一年生枝为单位）应掌握在 40～50 个，过轻则树势不能很快复壮；过重则生长失调，影响产量。

②第二年。以调整外围枝和处理中型枝为主。

③第三年。以结果枝组的整理复壮的培养内膛结果枝组为主。

上述修剪量，必须根据立地条件、树龄、树势、枝量多少而定，灵活掌握，不可千篇一律，各大、中、小枝的处理也必须全盘考虑，有机地配合。

5. 人工辅助授粉的时间和方法

（1）花粉采集：核桃雄花序即将开放或初放时，采集后置于通风的炕上摊开，要求炕温 16～20℃为好，经 1～2 天后花粉自然散出，用铁筛将花粉筛出，放在干燥的容器中，贮存在冷凉低温处待用。

（2）授粉方式和方法：抖授，当雌花开放时，以 1 份花粉加 10 份填充剂（滑石粉、甘薯粉等）混合后，放在双层纱布内，用竹扦或木棍挑起于上午 8～11 时在树上抖动授粉。序授，用初花、盛花期的雄花序，扎成束直接在树上抖授或将成束雄花序挂在树上。

6. 疏除过多雄花芽 落花落果是核桃产量低而不稳的重要原因之一。除加强土肥水管理、合理修剪、人工辅助授粉外，人工疏雄可提高座果率，增加核桃产量效果明显。当核桃雄花萌芽膨大时（呈桑葚状）去雄效果最佳，坐果率可高达 77.7%，此时为 3 月下旬至4月上旬（春分至谷雨）。疏雄的方法主要是用手指抹去或用木钩去掉雄芽。疏雄量一般以疏除全树雄花芽的70%～90%较为适宜。

（四）核桃丰产管理技术措施

1. 耕作管理

①深翻熟化。每年深翻一次，提高土壤保水肥能力，增加透气性，避免旱荒。结合施肥每年深翻一次。

②刨树盘。每年进行3～4次，春季发芽前一次，雨季一次，深度15厘米；秋季在采收后落叶前一次，深25厘米，树盘要大于树冠枝影面积，里低外高。

③中耕除草。无间作物，要中耕2～3次，有间作物可结合种植间作物进行中耕。

2. 施肥管理

（1）核桃不同树龄施肥量见表6-2：

表6-2　不同树龄核桃施肥量

树龄	氮	磷	钾
1～5年	100克/株	少	少
6～10年	5.3～8千克/（亩·年）	6.5～8千克/（亩·年）	6.5～8千克/（亩·年）
盛果期	8～20千克/（亩·年）	6.5～8千克/（亩·年）	8～10千克/（亩·年）
施肥期	5月施1/3、秋施2/3	秋	秋

（2）施肥方法

①放射状沟施。以树干为中心，距树干约1.0～1.5米处，沿水平根方向，向外挖4～6条放射状施肥沟，沟宽40～50厘米，沟深30～40厘米，沟由里到外逐渐加深，沟长随树冠大小而定，一般为1～2米。肥料均匀施入沟内，埋好即可。施基肥要深，施追肥可浅些。每次施肥，应错开开沟位置，扩大施肥面。

②环状沟施。沿树冠边缘挖环状沟，沟宽40～50厘米，沟深30～40厘米。此法易挖断水平根，且施肥范围小，适用于幼树。

③条状沟施。在树冠外沿两侧开沟，沟宽40～50厘米、沟深30～40厘米，沟长随树冠大小而定。成龄树根系已布满全园，可将肥料均匀撒在园地，然后深翻入土。此法施肥浅，不利于根系向纵深发展，因而应与放射状沟施结合，隔年更换使用。

（3）追肥

①花前。3月下旬施尿素1.5千克/株，过磷酸钙2.5～4千克。

②花后。5月上旬，施尿素1～1.5千克/株，过磷酸钙2.5～5千克。

③硬核期。6月下旬，施尿素1～1.5千克/株，或草木灰10～15千克，十分重要，有利于花芽分化。

3. 浇水管理　8月上旬墒情差时浇一次水，秋施基肥后要大水浇透，有条件的11月可浇冻水，5月中旬至8月上旬不浇水。

4. 栽培管理　管理月规程（月份）见表6-3。

表 6-3 核桃树栽培管理规程（月份）

月份	主要工作
1～2	1. 刮治腐烂病、介壳虫，剪除枯死枝；2. 整修地堰，垒好树盘
3	1. 树冠下深刨 15 厘米，捡出石块，兼治举肢蛾；2. 追施尿素 1～1.5 千克/株；3. 喷 3～5 度石硫合剂；4. 剪取优种 1 年生发育枝中段或基段做接穗、蜡封、储存
4	1. 伤流小，易离皮时进行苗木枝接的大树高接；2. 疏除过多的雄花芽；3. 苗圃整地、作畦，开沟播种，每亩需种子 100～150 千克
5	1. 在雌花盛期喷 50 毫克/千克，赤霉素、500 毫克/千克稀土，100 毫克/千克硼酸，用以提高座果率；2. 结果树每株追尿素 1～1.5 千克、过磷酸钙 2～3 千克或 2～3 千克硝酸磷肥；3. 完全展叶后处理徒长枝、过密枝；4. 枝接检查成活，设立支柱，高接换头的放风
6	1. 重点抓好防止核桃举肢蛾、天牛及瘤蛾的工作；2. 芽接；3. 夏季修剪；4. 大树追施氮、磷肥，有灌溉条件的浇水；5. 中耕除草；6. 高接树除萌，继续设立支柱
7	1. 地面撒药毒杀举肢蛾脱果幼虫；2. 防治木、袋蛾、天牛及黑斑病；3. 追施磷、钾肥；4. 压绿肥
8	1. 继续防治举肢蛾、刺蛾；2. 中耕除草；3. 高接树摘心，喷多效唑防徒长；4. 对高接树原来设立的支柱、松绑，防止捆绑部位缢伤，松后仍应将支柱绑紧（可换捆绑部位）
9	1. 采收，并将表皮脱去，漂洗、晾晒；2. 贮藏好坚果，勿使霉烂；3. 修剪过密枝、病枯枝；4. 施基肥
10	1. 继续修剪；2. 结合施基肥深翻扩穴；3. 防止浮尘子上树产卵；4. 高接树除去支柱
11	1. 苗圃刨苗，并分级假植；2. 果园深翻，有灌溉条件的浇水；3. 做好幼树越冬防寒工作
12	1. 清洁果园，清扫枯枝、落叶；2. 继续完成耕翻、灌水工作（上旬）；3. 整修地堰、树盘；4. 封冻前秋播；5. 层积处理种子，树干涂白

绿色谷子生产禁止使用的农药见表 6-4，农药合理使用准则见表 6-5、表 6-6。

表 6-4 绿色谷子生产禁止使用的农药

种类	农药品种	禁用原因
有机氯杀虫剂	滴滴涕、六六六、林丹、甲氧滴滴涕、硫丹	高残毒
有机磷杀虫剂	甲拌磷、乙拌磷、久效磷、对硫磷、甲基对硫磷、甲胺磷、甲基异柳磷、治螟磷、氧化乐果、磷胺、地虫硫磷、灭克磷（益收宝）、水胺硫磷、氯唑磷、硫线磷、杀扑磷、特丁硫磷、克线丹、苯线磷、甲基硫环磷	剧毒、高毒
氨基甲酸酯杀虫剂	涕灭威、克百威、灭多威、丁硫克百威、丙硫克百威	高毒、剧毒或代谢物高毒
二甲基甲脒类杀虫杀螨剂	杀虫脒	慢性毒性、致癌
卤代烷类熏蒸杀虫剂	二溴乙烷、环氧乙烷、二溴氯丙烷、溴甲烷	致癌、致畸、高毒
有机砷杀菌剂	甲基胂酸锌（稻脚青）、甲基胂酸钙胂（稻宁）、甲基胂酸铁铵（田安）、福美甲胂、福美胂	高残毒

（续）

种类	农药品种	禁用原因
有机锡杀菌剂	三苯基醋酸锡（薯瘟锡）、三苯基氯化锡、三苯基氢氧化锡（毒菌锡）	高残留、慢性毒性
有机汞杀菌剂	氯化乙基汞（西力生）、醋酸苯汞（赛力散）	剧毒、高残毒
取代苯类杀菌剂	五氯硝基苯、稻瘟醇（五氯苯甲醇）	致癌、高残留
2.4—D类化合物	除草剂或植物生长调节剂	杂质致癌
二苯醚类除草剂	除草醚、草枯醚	慢性毒性
植物生长调节剂	有机合成的植物生长调节剂	

表 6-5　农药合理使用准则（谷子常用部分）杀虫剂

农药			主要防治对象	每亩每次制剂施用量或稀释倍数	施药方法	施药距收获的天数（安全间隔期）（天）	实施要点说明
通用名	商品名	剂型及含量					
杀螟丹	巴丹	50%可溶性粉剂	粟灰螟 粟茎跳甲	40～100 克	喷雾	21	
喹硫磷	爱卡士	25%乳油	粟灰螟 粟茎跳甲	150～200 毫升	喷雾	14	
敌百虫		90%	粟灰螟粟茎跳甲黏虫	1 000～1 500 倍	喷雾	20	
灭幼脲	灭幼脲三号	25%悬浮剂	黏虫	40 毫升	喷雾	15	
氯唑磷	米乐尔	3%	粟灰螟 粟茎跳甲	1 000 克	撒施	28	拌毒土撒施
溴氰菊酯	敌杀死	2.5%乳油	黏虫 蚜虫	10～15 毫升	喷雾	15	
氯氟氰菊脂	功夫	2.5%乳油	黏虫 蚜虫	10～20 毫升	喷雾	15	

表 6-6　农药合理使用准则（谷子常用部分）　杀菌剂

农药			主要防治对象	每亩每次制剂施用量或稀释倍数	施药方法	施药距收获的天数（安全间隔期）（天）	实施要点说明
通用名	商品名	剂型及含量					
三唑酮	粉锈宁	25%可湿性粉剂	白发病	28～33 克	喷雾	20	
丙环唑	敌力脱	25%乳油	白发病	33.2 毫升	喷雾	28	
甲基硫菌灵	甲基托布津	70%可湿性粉剂	红叶病 黑穗病	71～100 克	喷雾	30	不得与铜制剂混用
萎锈灵	卫福	40%悬浮剂	黑穗病	2.8 克/千克种子	拌种		
瑞毒霉		25%可湿性粉剂	白发病	3 克/千克种子	拌种		
多菌灵		50%可湿性粉剂	黑穗病	3 克/千克种子	拌种		

图书在版编目（CIP）数据

古县耕地地力评价与利用 / 张藕珠主编．—北京：
中国农业出版社，2016.5
ISBN 978-7-109-21570-2

Ⅰ.①古…　Ⅱ.①张…　Ⅲ.①耕作土壤－土壤肥力－土壤调查－古县②耕作土壤－土壤评价－古县　Ⅳ.①S159.225.4 ②S158

中国版本图书馆 CIP 数据核字（2016）第 072305 号

中国农业出版社出版
（北京市朝阳区麦子店街 18 号楼）
（邮政编码 100125）
责任编辑　杨桂华

中国农业出版社印刷厂印刷　　新华书店北京发行所发行
2016 年 6 月第 1 版　　2016 年 6 月北京第 1 次印刷

开本：787mm×1092mm 1/16　　印张：10.5　插页：1
字数：260 千字
定价：80.00 元

古县耕地地力等级图

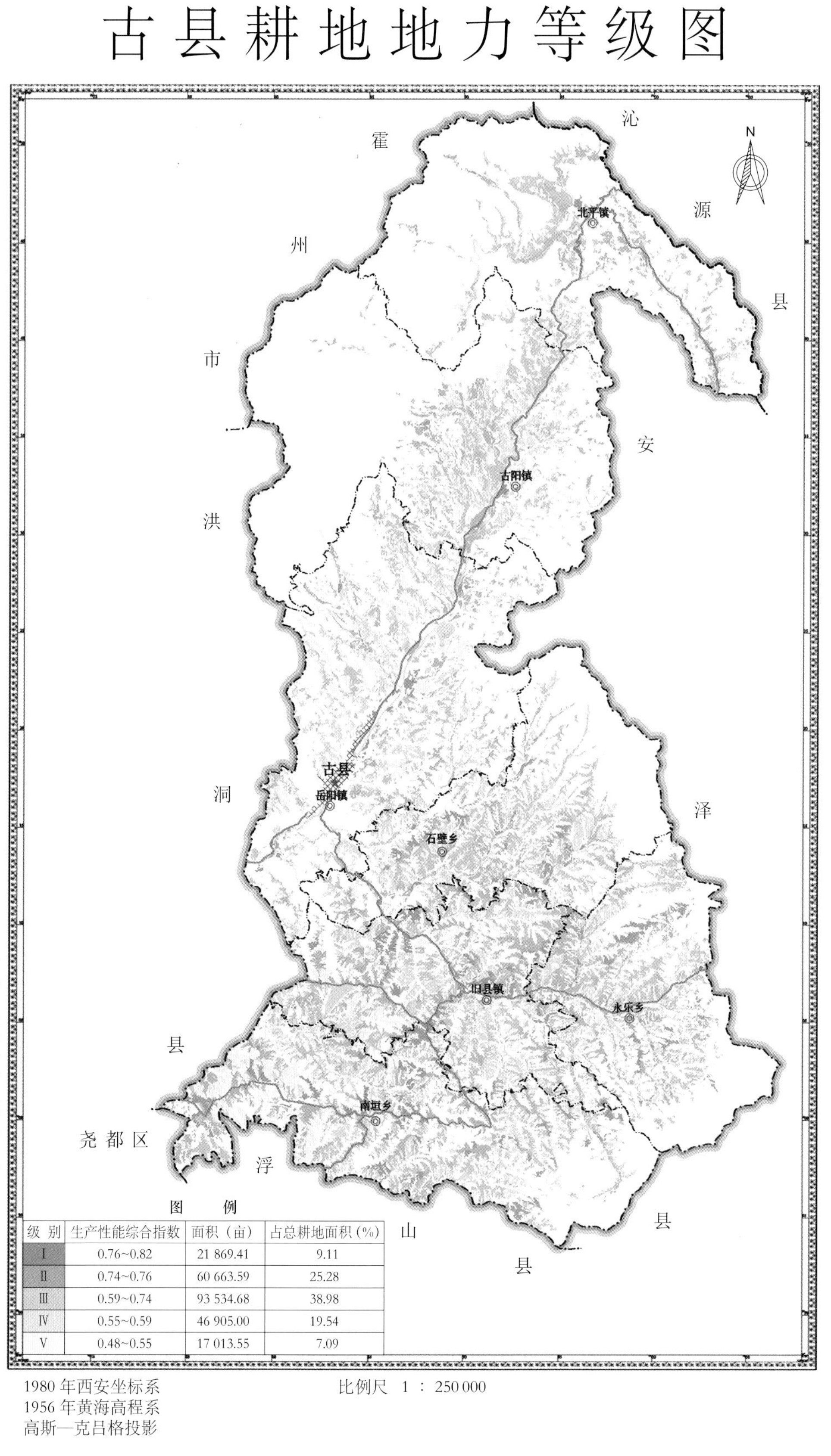

级 别	生产性能综合指数	面积（亩）	占总耕地面积（%）
Ⅰ	0.76~0.82	21 869.41	9.11
Ⅱ	0.74~0.76	60 663.59	25.28
Ⅲ	0.59~0.74	93 534.68	38.98
Ⅳ	0.55~0.59	46 905.00	19.54
Ⅴ	0.48~0.55	17 013.55	7.09

山西省土壤肥料工作站监制
山西农业大学资源环境学院承制　二〇一二年十二月

1980 年西安坐标系
1956 年黄海高程系
高斯—克吕格投影

比例尺　1 ：250 000

古县中低产田分布图

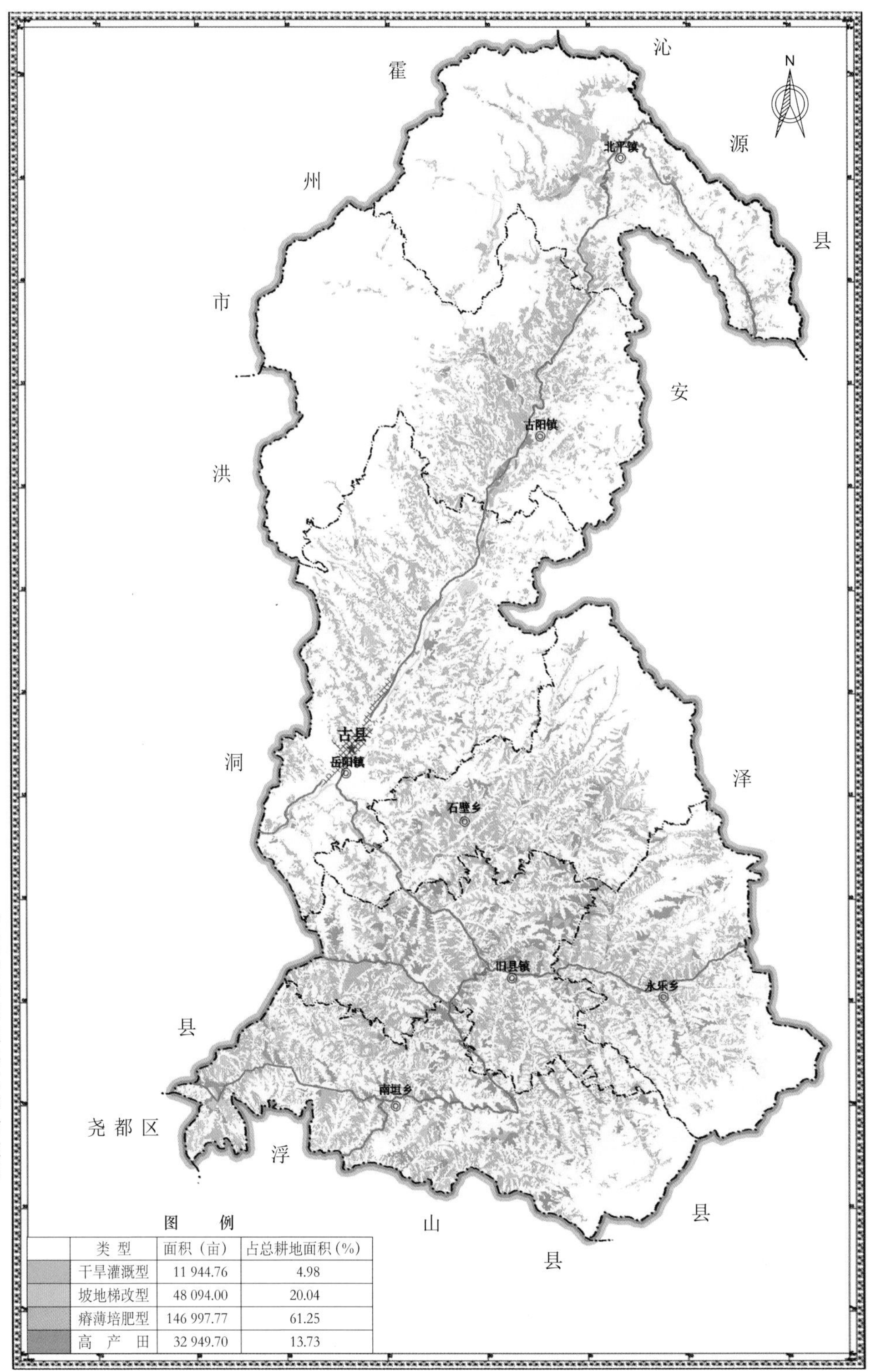

图 例

	类型	面积（亩）	占总耕地面积（%）
	干旱灌溉型	11 944.76	4.98
	坡地梯改型	48 094.00	20.04
	瘠薄培肥型	146 997.77	61.25
	高 产 田	32 949.70	13.73

山西省土壤肥料工作站监制
山西农业大学资源环境学院承制 二〇一二年十二月

1980 年西安坐标系
1956 年黄海高程系
高斯—克吕格投影

比例尺 1 ： 250 000